영양사 맘의
이유식 정석

재료부터 맛까지 믿고 따라하는

영양사 맘의
이유식 정석

초판 1쇄 인쇄 2022년 10월 20일
초판 1쇄 발행 2022년 10월 27일

지은이 이수진
발행인 장인형
임프린트 대표 노영현
요리 이수진
사진 촬영 스튜디오 진심
푸드 스타일링 윤향미, 서인숙, 김현정
디자인 아베끄

펴낸 곳 다독다독
출판등록 제313-2010-141호
주소 서울특별시 마포구 월드컵북로4길 77, 3층
전화 02-6409-9585
팩스 0505-508-0248
ISBN 979-11-91528-14-5 03590

재료부터 맛까지 믿고 따라하는

영양사 맘의
이유식 정석

이수진 지음

다독
다독

차례

Introduction | 이유식을 시작하기 전에

1
초기
이유식

5
~
6
개
월

초기 이유식 가이드 •36

**2
중기
이유식**

**7
~
9
개
월**

중기 이유식 가이드 •82

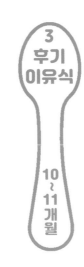

3
후기
이유식

10 ~ 11 개월

후기 이유식 가이드 •128

4
완료기
이유식

12
~
15
개월

완료기 이유식 가이드 •184

1. 영양사 맘에겐 특별한 것이 있다

⦂ 아기의 건강은 챙기고 엄마의 부담은 덜어주는 합리적인 이유식

결혼을 하고 두 아들을 키우면서 영양사라는 직업이 가끔 부담스러울 때도 있었어요. 영양사 엄마가 만든 요리는 아기가 무조건 잘 먹고, 완벽한 영양소로 구성되었을 거로 생각하거든요. 이런 생각은 이유식 강의 중 엄마들의 반응에서도 나타납니다.

"선생님이 만든 이유식은 아기한테 훨씬 건강하겠죠?"
"선생님이 만든 이유식은 아기가 다 잘 먹죠?"
"선생님은 매일 다른 재료를 넣어 이유식을 만들어 주시나요?"

이 질문에 대한 저의 대답은 물론 '아니오'입니다. 두 아이 육아에 지치다 보면 저 역시 현실과 타협해야 할 때가 있었어요. 애써 만든 이유식을 아기가 잘 먹지 않거나 이유식 만들기가 힘들 땐 시판 이유식의 도움을 받기도 했어요. 하지만 어떤 상황에서든 영양사 엄마로서 지켜야 할 원칙과 기준은 지키면서 유연하게 대처했습니다. 아기에게 건강하고 다양한 음식을 만들어 주는 것도 중요하지만 아이와 엄마가 이유식 시기를 지치지 않고 완주하는 것이 더 중요합니다. 언젠가 나란히 식탁에 앉아 함께 웃으며 밥을 먹으려면 음식을 처음 접하는 이때의 경험이 즐겁고 행복한 추억으로 기억되어야 하니까요.

영양사 맘의 이유식 4원칙

두 아이를 키운 선배 엄마로서, 오랫동안 이유식 강의와 유튜브를 통해 엄마들과 자주 소통하면서 누구보다 엄마들의 마음을 잘 알고 있습니다. 아기가 태어남과 동시에 부모들의 주된 관심사는 아기의 성장과 발달입니다. 아기가 어떤 시기에, 무엇을, 얼마만큼 먹느냐는 성장과 직결된 문제이기에 최소 5개월 이후부터 영양 보충을 위해 먹어야 하는 이유식에 민감할 수밖에 없습니다.

이유식은 이인삼각 경기와 같습니다. 결승선에 도달하기 위해 속도보다 중요한 건 두 사람의 호흡입니다. 조급한 마음에 아기의 먹는 양에만 초점을 맞춘다면 아기가 오히려 이유식을 거부하거나, 스스로 양을 조절하지 못해 주는 대로 먹어 비만이 될 우려가 있습니다.

아기의 영양은 탄탄히 지키면서, 조금이나마 엄마들의 부담을 덜어줄 영양사 맘의 조언을 4가지로 정리했습니다. 다음 페이지에 '영양사 맘의 이유식 4원칙'을 기준으로 자신만의 원칙을 세워 보세요.

영양사 맘의 재료 중량 공식

영양사 맘이라고 해서 시판 이유식처럼 완벽하게 영양을 분석해서 식단을 짜지는 않아요. 아기의 발달 단계에 따른 필요 열량을 기준으로 영양의 균형을 고려해 재료를 구성합니다. 이유식 종류에 따라 재료의 중량이 달라지는 것이 아니라 이유식 단계에 따라 재료별 중량을 공식화해 누구나 따라 하기 쉽고, 기억하기 쉬운 레시피를 만들었습니다. 이 책에 실린 레시피 외에도 영양사 맘의 재료 공식을 적용해 아기의 취향을 고려하면서도 건강하고 균형 잡힌 식단을 직접 만들어 보세요.

이유식의 시작과 끝이 엄마와 아기 모두에게 행복한 경험으로 기억되면 좋겠습니다.

_영양사 맘 이수진

⫶ 영양사 맘의 이유식 4원칙

1 **아기의 취향 존중하기**

사람마다 좋아하는 음악과 영화, 음식이 따로 있듯 아기에게도 취향이 존재합니다. 하지만 이유식 과정에서는 아기의 취향이 존중받지 못하는 경우가 많아요. 아기가 이유식을 안 먹으려는 이유는 다양합니다. 입에 안 맞거나 이유식 텀이 짧거나, 수유나 간식이 아직 소화되지 않았거나 컨디션이 좋지 않아서일 수 있습니다. 말을 못하는 아기는 고개를 돌리거나 입을 다물어버리거나 의자에서 일어서려는 등 먹고 싶지 않다는 표현을 행동으로 보여줍니다. 이때 부모가 아기의 사인을 인정하지 않고 준비한 양을 다 먹이려 한다면 어떨까요? 고수를 못 먹는 사람에게 억지로 고수를 입에 넣으려 하는 것과 마찬가지입니다.

한 번도 먹어보지 못한 음식을 처음 경험할 땐 거부감이 생길 수 있어요. 이유식을 먹지 않겠다는 표현을 하면 정해진 양을 억지로 다 먹이려고 하기보다 그 원인이 무엇일지 생각해 보세요. 아기가 좋아하는 맛은 무엇이고 잘 먹는 시간은 언제이며 저작 활동은 제대로 되고 있는지 면밀히 체크해 주세요. 아기에게도 취향이 있고 먹지 않을 타당한 이유가 있다는 것을 인정해 주세요.

2 **비교하지 않기**

이유식 코칭에서 엄마들이 자주 하는 질문입니다.

"제가 요리를 너무 못해서 아기가 이유식을 잘 안 먹는 게 아닐까요?"

"다른 엄마들은 쉽게 잘 만드는 것 같은데 저는 왜 이렇게 어렵고 힘들까요? 그냥 사 먹여야 할까 봐요."

"같은 개월 수의 다른 아기는 엄청 잘 먹는데 우리 아기는 이 정도밖에 못 먹는데 괜찮을까요?"

지인이나 SNS를 통해 이유식에 관한 정보를 얻다 보면 자연스레 남과 자신의 상황을 비교하게 됩니다. 같은 개월 수의 아기가 우리 아이보다 잘 먹으면 불안하고, 아기가 이유식을 잘 안 먹는 원인이 엄마에게 있다고 자책하면서 이유식 만들기를 포기하기도 합니다. SNS에서 매끼 다른 재료로 이유식을 만들어 주는 엄마와 이유식을 맛있게 먹는 아기들을 보면 엄마들 대부분은 갑자기 아기에게 미안해진다고 합니다. 그러나 SNS에서 보이는 모습은 현실과 다를 수 있습니다. 정말 아기가 끝까지 잘 먹는다고 장담할 수 있을까요? 다른 사람과 나를 비교하기보다 현실적으로 내가 할 수 있고 우리 아기에게 맞는 방법을 찾아 천천히 맞춰 나가는 것이 더 중요하다는 사실 잊지 마세요.

3 **숫자에 연연하지 않기**

섭취량, 완성량, 단계별 시기, 입자 크기, 먹이는 횟수는 주로 숫자로 표현됩니다. 하지만 이 숫자에 집착하다 보면 아기와 엄마 모두 힘들 수 있어요. 숫자가 기준이 되기는 하지만 정답은 아닙니다. 만약 6개월 아기의 평균 이유식 양이 30~50g이라고 할 때, 20g 이상은 먹지 못하는 아기에게 억지로 그 양을 다 먹이려 한다면 오히려 아기가 이유식을 거부할 수 있습니다. 또 완료기의 이유식 입자 크기가 0.7cm 정도라고 해서 이 시기의 모든 아기가 0.7cm 크기를 소화할 수 있는 것도 아닙니다. 이유식 시작 시점, 치아 발달상태, 저작 능력 등에 따라 전 단계의 크기가 적절한 경우도 있습니다. 숫자를 참고하되 우리 아기에게 맞는 숫자를 만들어 보세요. 아기가 먹어야 하는 양보다 먹을 수 있는 양을 고려하고 아기의 발달 상태에 맞춰 이유식 단계를 진행할 것을 추천합니다.

4 **너무 열심히 하지 않기**

의욕에 넘쳐 이유식 도구부터 재료까지 철저히 준비해 잘 만들었는데 막상 아기가 잘 먹지 않으면 엄마표 이유식을 포기하고 싶은 마음이 들기도 합니다. 그런데 너무 열심히만 하지 않으면 엄마표 이유식을 완주할 수 있어요. 이유식을 열심히 하지 말라니 이게 무슨 말이냐고요?

아기가 먹는 첫 음식인 만큼 최고의 재료만 쓰고 싶은 게 부모의 마음입니다. 친환경과 유기농을 고집하고 단계별 입자 크기, 농도, 완성량까지 완벽하게 맞추려고 노력하는 게 당연합니다. 물론 유기농과 친환경, 한우만을 계속 쓸 수 있다면 좋겠지만 단계를 높일수록 비용 부담도 커지게 됩니다. 재료 선택에 있어서 어느 정도의 유연성은 필요합니다. 신선한 제철 재료를 선택하는 것이 가장 좋습니다. 요즘은 제철 재료라는 개념이 옅어지기는 했지만 제철 재료를 쓰면 엄마의 재료 고민도 덜고 아기도 자연스럽게 다양한 식재료를 접할 수 있게 됩니다. 또한 재료의 크기를 이유식 단계별 크기에 너무 맞추려 하다 보면 재료 손질에서부터 포기하게 될 수 있어요.

너무 완벽하게 열심히 하기보다 내가 할 수 있는 수준에 맞춰서 한 계단 한 계단 올라가는 것이 엄마표 이유식을 완주하는 방법입니다.

2. 이유식에 관한 모든 것

이유식이란?

이유식은 이유기에 먹는 보충식이라는 뜻으로 '이유기 보충식'이라고 합니다. 여기서 이유기란 떠날 이 (離), 젖 유(乳)로 젖을 떼는 시기를 말합니다. 이 시기에 모유나 분유 외에 추가로 영양을 보충해주는 음식을 이유기 보충식, 줄여서 이유식이라고 표현합니다.

이유식 종류

먹이는 방식에 따라			
아기 주도 이유식(Baby Led Weaning) 아기가 주도적으로 먹는 방식		스푼 피딩 이유식(Spoon Feeding) 아기에게 숟가락을 이용해 먹이는 방식	
조리 도구에 따라			
냄비 이유식 냄비를 이용해 만든 이유식	밥솥 이유식 밥솥을 이용해 만든 이유식		마스터기 이유식 마스터기를 이용해 만든 이유식
제공 형태에 따라			
한 그릇 이유식 쌀과 모든 재료가 한 그릇에 섞인 형태	핑거푸드 이유식 아기가 손으로 집어 먹을 수 있는 형태		토핑 이유식 밥 위에 다양한 재료를 올린 형태
이유식 단계에 따라			
초기 이유식	중기 이유식	후기 이유식	완료기 이유식
이유식 농도에 따라			
미음	죽	무른밥	진밥

⋮ 이유식 시작 시기

이유식은 4개월부터 시작할 수 있다고 알려졌지만, 6개월 이후부터 권장하는 전문가도 있고, 저 또한 5~6개월에 시작할 것을 권합니다. 출생 시 몸무게의 약 2배가 되었을 때를 이유식 적기로 보는 의견도 있는데 발육이 빠른 아기는 4개월 이전에 도달할 수 있어서 체중을 기준으로 하는 건 무리가 있습니다. 적어도 앉아서 이유식을 먹을 수 있는지를 고려해야 합니다. 특히 모유를 먹는 아기라면 모유의 영양 성분을 충분히 섭취하는 게 좋습니다.

아기의 발달을 고려하지 않은 채 이유식을 너무 일찍 시작할 경우 소화 기능이 미숙해 위장장애나 알레르기, 식품 과민증이 생길 수 있습니다. 아기의 미성숙한 소화기관이 소화효소를 제대로 만들어내지 못하면 단백질과 탄수화물이 완전히 분해되지 못하고 장의 점막으로 흡수돼 알레르기 반응이나 설사 증상이 자주 나타날 수 있습니다. 6개월 이후부터는 철분과 단백질 요구량이 많아지고 소화 기능과 음식을 삼키는 기능도 성숙해집니다.

6개월이 지나서도 이유식을 시작하지 않으면 영양소 결핍이 생길 수 있습니다. 특히 모유를 먹어 온 아기는 모유를 통해 비축하고 있던 철분과 아연 등 미네랄이 거의 소모될 시기여서 이유식을 통한 영양 보충이 필요합니다.

이유식에는 단계가 있습니다. 하지만 그 기준을 모든 아기에게 똑같이 적용할 수는 없습니다. 또한 처음에 계획한 대로 끝까지 적용하는 것도 정답이 아닙니다. 아기의 발달 상황에 따라 유연하게 맞춰 나가야 합니다. 책에 표시된 단계 역시 이유식의 기본이 되는 개월 수로 표시해 두었지만 모든 아기에게 맞는 기준은 아닙니다. 다음 페이지의 단계 분류 기준을 참고로 하여 우리 아기에게 맞는 이유식 단계표를 만들어 가면서 이유식을 진행해 주세요.

시작 시기에 따른 분류

아기의 발달 상황에 따라 이유식을 시작하는 개월 수가 달라질 수 있습니다. 중요한 것은 진행 순서입니다. 시작이 좀 늦었다고 해서 단계를 건너뛰어서는 안 됩니다. 저작 기능과 소화 기능이 제대로 발달하도록 이유식 단계를 지키며 차근차근 진행해 주세요.

▶ 5개월에 이유식을 시작하는 아기

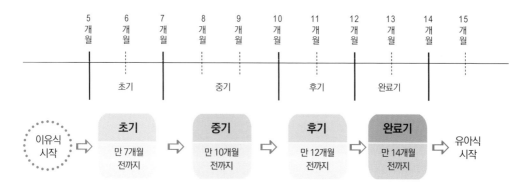

▶ 6개월에 이유식을 시작하는 아기

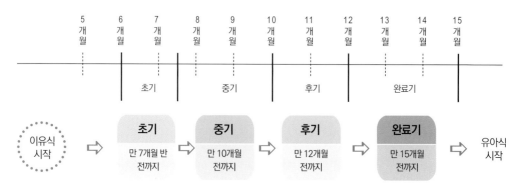

이유식 농도 및 입자 크기에 따른 분류

대부분 초기/ 중기/ 후기/ 완료기 4단계로 나눕니다. 영양사 맘은 단계마다 준비기와 적응기를 따로 구분했습니다. 준비기에서 양은 해당 단계에 맞게 늘리고 농도와 입자 크기는 전 단계 기준에 맞춰 먹여 본 뒤 아기가 적응을 잘하면 적응기로 넘어갑니다.

▶ 5개월에 이유식을 시작하는 아기

▶ 6개월에 이유식을 시작하는 아기

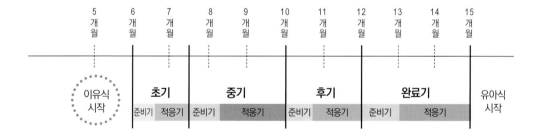

입자감 적응 시기에 따른 분류

같은 개월 수라도 아기의 발달 상태가 다르듯 이유식 시작 시기가 같아도 치아 개수, 저작 능력 등에 따라 재료의 입자감에 적응하는 시기가 다를 수 있습니다. 아기의 적응 상태에 따라 단계를 진행해 주세요.

(아래 표는 이유식을 6개월에 시작한 예)

▶ 입자감의 적응이 필요한 경우

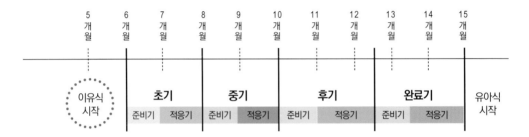

▶ 입자감에 적응이 잘된 경우

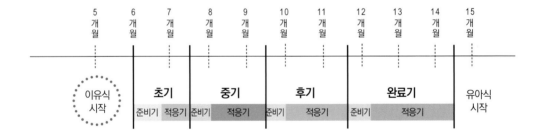

이유식 준비물

- **냄비** 내용물의 용량을 확인할 수 있는 눈금자가 표시된 스테인리스 편수 냄비. 초기에는 작은 냄비로도 충분하지만, 양이 많아지는 후기부터는 좀 더 큰 것이 필요하므로 처음부터 큰 것을 준비해도 무방해요.

- **칼, 도마** 위생을 위해 이유식 전용으로 준비해요.

- **이유식 조리기** 이유식의 기본 도구인 강판, 절구, 거름망 등이 세트로 판매되는 경우가 많아요. 도자기 재질이나 유리, 스테인리스 재질을 추천해요.

- **조리용 주걱** 이유식을 끓이거나 재료를 섞을 때 사용해요. 아기에게 안전한 소재로 구비하세요.

- **믹서기** 믹서기에 갈면 재료의 맛이 강하게 나서 보통 절구를 추천해요. 아기가 맛에 예민하지 않거나 간편하게 만들 땐 믹서기를 사용해도 좋아요. 큰 믹서기는 양이 적으면 분쇄가 잘 안되므로 작은 것을 추천해요.

- **찜기 또는 찜망** 찜기 혹은 냄비에 넣어서 사용할 수 있는 찜망.

- **전자저울** 소수점까지 표시되는 저울.

- **이유식 용기** 실리콘, 유리, 도자기 등 재질별 장단점을 확인하고 선택해요. 평상시에는 유리 용기를 사용하고 외출 시에는 가볍고 깨질 염려가 없는 실리콘 재질이 편리하므로 두 종류의 용기를 준비해두면 좋아요.

- **이유식 숟가락** 단계에 맞게 준비해요. 초기에는 헤드가 작고 미음이 흘러내리지 않도록 오목한 모양으로, 아기의 입에 자극이 되지 않는 소재를 선택해요. 중기에는 초기보다 헤드가 크고 손잡이가 단단하면서도 헤드 부분이 부드러운 소재를, 후기에는 헤드가 크고 아기가 잡기 편하도록 가벼운 것을 준비해요. 아기가 이유식을 거부할 때는 평소 쓰던 것과 다른 디자인의 숟가락을 쥐여 주며 분위기를 바꾸는 것도 도움이 될 수 있어요.

- **그 외** 이유식 큐브, 계량컵, 채소 다지기, 이유식 밥솥, 이유식 마스터기, 밥솥 칸막이 등을 준비하면 좀 더 편하게 이유식을 만들 수 있답니다.

3. 이유식 식단 구성하기

개월별 이유식 재료

소화 기능이 발달하지 않은 초기에는 주로 소화가 잘되는 재료를 사용하고 점차 알레르기 유발 가능성이 적은 재료로 종류를 늘려갑니다. 표 1 〈개월별 사용 가능한 이유식 재료〉를 참고하되 아기가 잘 먹고 특별히 문제가 생기지 않는다면 개월 수보다 조금 빠르거나 늦게 사용해도 괜찮습니다. 다만 아래의 기준은 꼭 지켜 주세요.

첫째, 질산염이 함유된 식품
질산염은 철분 흡수를 방해하므로 외부로부터 철분 섭취가 가능한 6개월 이후에 사용할 것을 권장합니다.

둘째, 돌 이후에 가능한 식품
우유, 꿀, 달걀흰자, 갑각류, 소금, 설탕 등은 돌 이후에 섭취할 것을 권장합니다.

표 1_ 개월별 사용 가능한 이유식 재료

식품 종류	5개월 이후	6개월 이후	10개월 이후	12개월 이후
곡류 두류	쌀, 찹쌀, 완두콩			
		발아현미, 차조, 보리, 흑미, 수수, 강낭콩, 검은콩, 두부 등		
			밀, 팥, 옥수수	
	개월 수에 따라 굵기를 다르게 한다.			
육류		소고기, 닭고기		
				돼지고기, 오리고기
	기름기를 제거한 후 사용하며 고기를 익힌 물은 육수로 이용할 수 있다.			
어패류 해조류		흰살생선		
			멸치, 미역, 게살	
				등푸른생선, 오징어, 연어, 새우 등
	알레르기가 있는 경우 새우, 게, 등푸른생선은 되도록 나중에 먹인다.			
채소류	애호박, 브로콜리, 양배추, 오이, 고구마, 단호박, 청경채			
		시금치, 당근, 감자, 배추, 비트, 무, 파프리카, 비타민, 버섯류		
			연근, 가지, 콩나물, 파, 양파, 숙주 등 대부분의 채소	
				미나리, 고사리, 냉이, 쑥, 양상추, 토마토
	제철 채소를 활용한다.			
과일류	사과, 배			
		바나나, 감, 수박, 대추		
			멜론, 참외, 귤, 아보카도	
				딸기, 복숭아, 키위 등 대부분의 과일
	제철 과일을 활용한다. 알레르기가 있는 경우 딸기와 복숭아는 되도록 나중에 먹인다.			
유제품류		플레인 요구르트		
				우유, 버터
	우유는 장 출혈로 인한 복통, 설사, 알레르기 유발 위험이 있어 돌 이후에 먹이는 것이 안전하다.			
난류		달걀노른자		
				달걀흰자, 메추리알
	달걀흰자는 알레르기 유발 위험이 있어 돌 이후에 먹이는 것이 안전하다.			
견과류			잣	
				아몬드, 땅콩
	땅콩은 알레르기 유발 위험이 있어 되도록 나중에 먹인다.			
유지류			깨, 참기름, 들기름, 현미유	
	식물성 기름을 사용하되 조리할 때 1~2방울 정도 소량만 사용한다.			

이유식 재료 궁합

이유식은 주로 쌀과 여러 가지 재료를 혼합해 만듭니다. 대부분 같이 섭취해도 문제 되지 않지만 몇 가지 재료는 함께 섭취했을 때 영양이 떨어지거나 아기 몸에 좋지 않은 영향을 줄 수 있습니다. 이유식 식단을 구성할 때 표 2 〈재료 궁합〉을 참고해 주세요. 궁합이 좋은 재료만으로 식단을 짜려고 하면 메뉴가 단조롭고, 하루 세 번씩 먹는 후기부터는 식단 짜기가 어려울 수 있으니, 궁합이 맞지 않는 것을 피해서 식단을 다양하게 구성해 주세요.

표 2_ 재료 궁합

식재료	좋음	나쁨
소고기	버섯류, 브로콜리, 시금치, 애호박, 당근, 비타민, 양배추, 무, 아욱, 배, 키위, 두부	고구마, 부추, 밤
닭고기	브로콜리, 부추, 당근, 청경채, 대추, 녹두, 콩나물, 고구마	자두
돼지고기	표고버섯, 무, 키위, 감자	도라지
콩	다시마	
달걀	애호박, 당근, 시금치, 피망, 미역, 오이, 토마토	
당근	양파, 고구마, 시금치, 달걀	오이, 양배추, 무
오이		무, 당근
고구마	브로콜리, 당근, 사과, 밤	땅콩
시금치	당근, 양파, 바나나, 사과, 참깨	두부, 근대
단호박	팥	
사과	고구마, 양배추, 양파	
치즈	감자, 브로콜리, 양파	콩
우유	딸기, 토마토, 옥수수, 양배추, 시금치	
흰살생선	당근, 브로콜리, 완두콩, 시금치, 양배추	
새우	아욱, 표고버섯, 완두콩	
미역	두부, 완두콩	
조개		옥수수

⦂ 영양사 맘의 식단 구성 노하우

식단 없이 이유식을 진행하다 보면 처음에는 다양한 재료를 사용하지만 점점 냉장고에 있는 재료 위주로 사용하게 됩니다. 게다가 이유식에 넣을 수 있는 재료는 한계가 있어 다양한 메뉴를 구성한다는 것이 생각만큼 쉽지는 않습니다. 어떻게 하면 엄마들이 좀 더 쉽고 편하게 식단을 짤 수 있을까를 고민한 끝에 이유식에 가장 많이 사용되는 재료를 몇 가지 기준으로 나누었어요. 이 표를 익히면 쉽게 단계별 식단표를 구성할 수 있습니다.

표 3_ 이유식에 사용 가능한 재료

곡물류	단백질 재료	단단한 재료	무른 재료	잎채소 및 해조류	과일류	유제품
쌀	소고기	브로콜리	애호박	비타민	사과	치즈
찹쌀	닭고기	콜리플라워	고구마	청경채	배	
발아현미	달걀	당근	단호박	시금치	바나나	
보리	(연)두부	무	감자	근대	대추	
오트밀	흰살생선	비트	오이	아욱	아보카도	
차조	새우	파프리카	새송이버섯	케일		
	연어	밤	양송이버섯	양배추		
	게살	연근	팽이버섯	적양배추		
	완두콩	우엉	표고버섯	배추		
		옥수수	양파	미역		
		아스파라거스	가지			
			콩나물			
			숙주나물			
			부추			

영양사 맘의 식단 짜기 팁

• 곡물류와 단백질 재료는 반드시 포함하고 나머지는 겹치지 않게 구성한다.

단단한 재료 한 가지를 넣었으면 다른 한 가지는 무른 재료나 과일 중 하나를 선택해 다양한 식감과 맛을 경험하게 한다.

• 다양한 색감을 경험하게 한다.

이유식의 색을 다양하게 구성해 시각적 자극을 주고 먹는 행위가 즐거운 경험이 되게 한다.

중기 식단 짜기 예

step 1) 표 3 〈이유식에 사용 가능한 재료〉를 참고해 중기 단계에 사용할 수 있는 재료를 적는다.

곡물류	단백질 재료	단단한 재료	무른 재료	잎채소 및 해조류	과일류	유제품
쌀	소고기	무	애호박			
찹쌀+쌀	닭고기		표고버섯		대추	
쌀	연두부	당근	양배추			
쌀	소고기			비타민	사과	
쌀	닭고기	비트	감자			

step 2) 재료 이름으로 이유식 메뉴명을 만든다.

월	화	수	목	금
소고기무애호박죽 닭고기비트감자죽	연두부당근양배추죽 소고기비타민사과죽	닭고기표고버섯대추죽 달걀애호박당근죽	소고기시금치죽 닭고기양송이버섯죽	대구살브로콜리죽 소고기단호박죽

step 3) 이유식의 색을 예상해 본다.

월	화	수	목	금
소고기무애호박죽(갈색) 닭고기비트감자죽(붉은색)	연두부당근양배추죽(주황) 소고기비타민사과죽(초록)	닭고기표고버섯대추죽(갈색) 달걀애호박당근죽(노랑)	소고기시금치죽(초록) 닭고기양송이버섯죽(회색)	대구살브로콜리죽(초록) 소고기단호박죽(노랑)

◦ 재료 중량 공식

앞에서 식단을 완성했다면 이제 들어갈 재료들의 중량을 정할 차례입니다. 이유식 책마다 레시피 중량에 차이가 나는 이유는 뭘까요? 대체로 어른이 먹는 음식은 영양이나 열량보다 맛을 중요시하는 경우가 많습니다. 그래서 같은 음식이라도 재료와 방법, 열량이 다를 수 있어요. 하지만 이유식은 아기의 성장과 직결되는 부분이라 개월 수에 맞게 열량과 영양소를 맞추는 것이 중요합니다. 하지만 대부분의 책은 같은 단계의 이유식인데도 메뉴마다 레시피 중량이 다릅니다.

이 문제를 해결하기 위해 영양사 맘은 고민 끝에 이유식 공식을 만들었습니다. 아기의 개월 수에 따른 열량을 기준으로 이유식 단계에 따라 식품군의 중량을 정해놓는 방식이에요. 이는 완벽한 영양 분석에 기초한 것이기보다 현장에서 일하며 누구보다 엄마들의 마음을 잘 알고 있는 영양사 맘으로서 영양학적으로 부족하지 않으면서도 엄마표 이유식을 끝까지 완주할 수 있도록 보편적인 기준에 맞춘 것이라고 할 수 있어요.

영양사 맘의 이유식 공식의 근거가 된 자료는 다음과 같아요.

표 4_ 한국인 영양소 섭취 기준(2020년 기준)

	에너지 필요 추정량(kcal)	단백질 권장섭취량(g)	철 권장섭취량(mg)	수분 충분 섭취량(㎖)
0~5개월	500			700
6~11개월	600	15	6	800
12~24개월	900	20	6	1,000

〈출처: 보건복지부, 한국영양학회〉

표 4를 보면 영아의 영양소 섭취 기준은 분유 수유아와 모유 수유아를 구분하지 않습니다. 단, 0~5개월 영아의 영양소 섭취 기준은 모유 섭취량(780㎖) 및 모유에 들어 있는 영양소 함량을 근거로 하고, 6~11개월 영아의 영양소 섭취 기준은 모유나 분유, 일상적인 식품 섭취까지 반영한 수치입니다. 만 1세 이상의 유아에게는 탄수화물/단백질/지방의 에너지 적정비율을 적용하지만 영아의 경우는 에너지 적정비율을 적용하지 않습니다. 영아의 경우는 분유와 모유를 먹는 아기들이 있어 정확한 기준을 만들기가 어렵

고, 분유는 아기가 하루에 얼마를 먹는지 눈으로 확인할 수 있지만 모유는 확인이 어렵다는 점도 이유가 될 수 있습니다.

표 5_ 모유와 분유의 함량 비교

	에너지(kcal/dL)	단백질(g/dL)	철(mg/dL)
모유	65	1.22	0.35
분유	65~70	1.7~2	0.5~1

〈출처: 2020 한국인 영양소 섭취 기준〉

표 5를 보면 분유의 단백질 함량이 모유보다 높게 나타납니다. 이는 분유를 먹는 아기의 체지방량 증가와 상관성이 있는 것으로 나타났고, 이 때문에 분유를 먹는 아기는 해당 개월 수의 단백질 권장섭취량을 초과할 수밖에 없다는 것을 알 수 있습니다.

표 6_ 모유(분유)와 이유식의 섭취 비율

	6~8개월	9~11개월	12~23개월
에너지 요구량(kcal)	620	690	900
모유(분유):이유식 비율	3:1	1:1	1:2

세계보건기구(WHO)가 정한 6~11개월의 영아의 에너지 요구량은 620~690kcal인 반면, 한국인 영양 섭취 기준 에너지 필요 추정량은 600kcal입니다. 한국은 2015년 기준 영아의 비만 유병률을 고려하여 2020년에 이 시기의 에너지 필요 추정량을 700kcal에서 600kcal로 낮췄습니다.

영양사 맘의 이유식 공식과 레시피는 한국인 영양소 섭취 기준과 세계보건기구의 모유(분유)와 이유식 섭취 비율에 기초해 구성되었습니다.

식단을 정한 다음에는 표 7 〈단계별 재료 중량 공식〉에 따라 재료별 중량을 맞춥니다.

표 7_ 단계별 재료 중량 공식

구분		열량	곡류(g)	단백질류(g)					그 외(g)	물 양(㎖)
초기	5개월	500	쌀 12 or 쌀가루 10						10	약 180
	6개월	600	쌀 12 or 쌀가루 10			고기 10			15	
중기	7~9개월	600	24	고기 25	달걀 25	생선 30	두부 35	콩 8	30	약 200
후기	10~11개월		60	고기 45	달걀 45	생선 50	두부 65	콩 15	70	약 400
완료기	12~15개월	900	100	고기 60	달걀 60	생선 70	두부 80	콩 20	100	약 450

먼저 이유식 단계에 맞춰 곡류와 단백질류에 해당하는 재료를 정하고 중량을 맞춥니다. 단백질류는 단백질 섭취가 가능한 고기, 달걀, 생선, 두부, 콩 등이 해당합니다.

그런 다음, 그 외에 해당하는 재료를 정해 중량을 맞춥니다. 그 외 재료에는 당근이나 양파, 버섯 등의 채소와 미역 등의 해조류, 감자, 고구마, 옥수수 등이 해당해요. 그 외에 해당하는 재료가 여러 가지일 경우 이유식 단계에 따른 중량에 맞춰 재료별 중량을 나눕니다. 나누는 기준은 따로 없으므로 아기가 좋아하는 재료의 비중을 늘려서 정해도 좋습니다.

그런데 여기서 감자나 고구마 등은 쌀과 같은 탄수화물 식품인데 왜 그 외란에 해당할까요?
만약 영양사처럼 영양소에 맞춰 식단을 구성한다면 감자나 고구마가 이유식에 들어갈 경우 해당 열량만큼 쌀의 중량을 빼야 하고, 채소의 경우도 열량은 같아도 재료마다 중량이 다를 수 있어(시금치 70g과 버섯류 30g의 열량이 동일) 재료마다 중량이 달라지게 됩니다.

영양소의 구분이 다소 맞지 않다고 해서 아기의 성장에 문제가 생기지는 않습니다. 100% 완벽하게 영양소를 맞췄다고 해도 아기가 잘 먹지 않으면 소용없겠죠? 영양학적으로 완벽한 이유식에 집중하기보다 기본적인 기준을 지키면서 이유식을 꾸준히 해 나갈 수 있는 방법에 중점을 두었습니다.

식재료 중량 잡기 실전편

예시 1)

구분	이유식 이름	재료		중량(g)
중기	소고기 애호박 당근죽	곡류	쌀	24
		단백질류	소고기	25
		그 외	애호박	15 (20)
			당근	15 (10)

중기 기준에 따라 곡류는 24g, 단백질류(소고기)는 25g으로 맞추고 그 외에 해당하는 재료인 애호박과 당근은 합쳐서 30g이 되게 맞춘다. 예를 들어 애호박 15g, 당근 15g 또는 애호박 20g, 당근 10g으로 맞출 수 있다.

예시 2)

구분	이유식 이름	재료		중량(g)
후기	소고기 애호박 당근 배추 사과무른밥	곡류	쌀	40
			찹쌀	20
		단백질류	소고기	45
		그 외	애호박	20 (15)
			당근	15 (15)
			배추	15 (20)
			사과	20 (20)

후기 기준에 따라 곡류는 60g, 단백질류(소고기)는 45g으로 맞추고 그 외에 해당하는 재료들(애호박, 당근, 배추, 사과)은 합이 70g이 되게 맞춘다.

* 아기가 좋아하는 재료의 비중을 좀 더 늘리거나 식재료 경험을 위해 아기가 잘 안 먹는 재료의 비중을 더 늘릴 수도 있겠죠? 재료의 비중을 어떻게 잡느냐에 따라 같은 이유식이라도 다른 맛을 낼 수 있습니다.

4. 이유식 조리 팁

⦂기본 조리법

껍질 벗기기 이유식 초기에는 대부분 칼이나 필러를 이용해 재료의 껍질을 제거합니다. 껍질이 단단한 단호박은 전자레인지에 살짝 돌리고, 토마토는 열십자로 칼집을 낸 뒤 뜨거운 물에 살짝 데친 후 벗기면 껍질이 쉽게 제거됩니다.

씨 제거하기 오이나 애호박의 씨는 알레르기를 유발할 수 있어 이유식 초기에는 제거하고 중기부터는 조금씩 사용합니다. 단호박과 사과, 배의 씨도 제거합니다.

다지기 다진 후에 익혀야 편한 재료가 있고 익혀서 다지는 것이 편한 재료가 있어요. 대체로 익힌 후 다지는 것이 편하지만 버섯류는 데치면 물컹거려 먼저 이유식 단계별 입자에 맞게 다진 뒤 체에 밭쳐 데치는 것이 편합니다.

으깨기 초기부터 중기 준비기까지 매셔나 절구, 주걱, 숟가락을 이용해 재료를 으깹니다.

갈기 믹서는 편리하긴 하지만 양이 적을 경우 잘 갈리지 않는다는 단점이 있어요. 영양소가 파괴되거나 아기가 재료 본연의 맛을 너무 강하게 느낄 수 있어 이유식 조리법에서 자주 사용하지는 않아요. 특히, 소고기나 잎채소는 믹서기보다 절구를 이용하는 것이 좋습니다.

체에 내리기 초기 이유식의 마지막 단계에서 사용하는 방법으로 이유식을 체에 내려 부드러운 미음으로 만듭니다.

볶기 후기부터는 쌀과 재료를 볶듯이 끓입니다. 이유식 재료를 한꺼번에 모두 넣고 끓이면 재료가 뭉칠 수 있으나 물을 나누어 넣어 볶듯이 끓이면 뭉친 재료가 잘 풀어집니다. 후기부터는 참기름을 사용할 수 있어요. 쌀이나 재료를 참기름으로 볶은 뒤 물을 넣고 끓이면 재료에 참기름 맛이 배 좀 더 맛있는 이유식을 만들 수 있답니다.

익히기(삶기&데치기&찌기) 이 책에서는 재료를 쌀과 섞기 전에 먼저 익힙니다. 재료를 익혀서 넣지 않으면 쌀만 익고 재료가 익지 않을 경우 물을 더 넣게 되므로 이유식 농도가 레시피와 달라지거나 완성량이 아기의 하루 소비량보다 많아질 수 있기 때문입니다. 또한 재료를 먼저 익히면 재료를 깨끗이 씻은 뒤에도 남아 있을 이물질이 제거되는 효과도 있어요. 재료마다 영양소 파괴를 최소화할 방법이 따로 있지만 후기부터는 들어가는 재료가 많아 재료마다 익히는 방법을 다르게 하기 어렵습니다. 이때는 익히는 방법을 통일해도 좋아요. 당근의 경우 초·중기에는 데쳐서 사용하지만 후기부터는 양배추, 감자 등의 다른 재료와 같이 찜기에 넣고 쪄도 무방합니다. 후기부터는 영양소에 집착하기보다 좀 더 만들기 편한 방법을 택해 이유식을 꾸준히 진행하는 것이 중요합니다.

⁝ 영양사 맘의 조리 팁

이유식 농도는 아기가 실제로 먹는 농도보다 묽게 완성한다.
이유식은 완성 후 식히는 과정에서 되직해지므로 묽게 완성해야 아기가 먹기 적당한 농도가 됩니다.

바로 완성했을 때

시간이 지났을 때

식재료의 중량은 원재료의 가식부에 맞춘다.
보통 이유식 책에 표시된 재료 중량은 어떤 기준으로 맞춰야 할까요? 식재료에서 식용에 알맞은 부분을 '가식부'라고 하는데요. 이유식 레시피에 표시된 중량은 아기가 먹을 수 없는 부분은 제거하고 실제로 먹을 수 있는 부분만 남긴, 익히기 전 상태의 중량을 의미합니다.

예를 들어 레시피의 양송이버섯 30g은 버섯의 줄기와 갓의 껍질을 제외한 나머지 부분(가식부)을 30g에 맞춰서 준비하라는 뜻입니다. 레시피의 소고기 40g은 기름기를 제거한 익히기 전 생고기의 중량입니다. 고기는 익히면 중량이 줄어들게 되므로 익힌 후 무게에 맞출 경우 실제로는 더 많은 양을 넣는 셈입니다.

생 고기

삶은 고기

재료는 익히기 전과 익힌 후 중량에 차이가 있습니다. 익힌 후에 맞추면 실제 필요한 양보다 더 많이 넣게 되어 완성량이 많아지고 농도가 되직해지거나 쌀과 비율이 맞지 않아 전체적으로 맛의 균형이 깨질 수 있습니다.

양배추 익히기 전

익힌 후 약 10g 감소

피망 익히기 전

익힌 후 약 16g 감소

이유식에도 나트륨이 있다.

따로 소금을 넣지 않아도 식품 자체에 나트륨 성분이 있어 완성된 이유식에는 어느 정도 나트륨이 포함
됩니다. 미역은 물에 충분히 헹궈 염분기를 빼고 두부는 뜨거운 물에 데쳐 간수를 빼고 사용해야 합니다.
육수는 원액을 사용하면 나트륨 함량이 높아지므로 희석해서 사용하는 게 좋습니다.

염도계를 이용한 이유식 나트륨 함량 확인

표 8_ 자연식품 속 나트륨 함량(가식부 100g 당)

식품명	백미	당근	무	비트	양송이버섯	시금치	양배추
나트륨(mg)	2	23	9	83	5	23	8
식품명	오이	감자	고구마	새우	소고기(안심)	닭고기	달걀(난황)
나트륨(mg)	3	1	8	270	42	58	57

(출처: 농촌진흥청 국립농업과학원)

표 9_ 아기의 하루 나트륨 충분 섭취량

개월 수	5개월	6~11개월	12~24개월
나트륨 충분 섭취량	110mg	370mg	810mg

(출처: 2020 한국인 영양소 섭취 기준)

이유식 큐브의 중량을 주의한다.

재료를 미리 다져서 이유식 큐브에 넣고 냉동 보관하면 필요할 때 바로 사용할 수 있어서 편리합니다. 하지만 이유식 큐브에 적힌 한 칸의 중량이 실제와 맞지 않을 수 있으니 주의해 주세요. 한 칸이 35g인 큐브에 양배추를 다 채우려면 실제로 50g의 생양배추가 필요합니다.

또한 익힌 재료마다 큐브에 담기는 양이 다를 수 있으니 큐브의 중량이 아닌 실제로 큐브에 들어간 식재료의 중량을 확인하고 메모해 놓는 게 좋습니다. 큐브 대신 한번 사용할 양을 랩에 싸서 냉동 보관하는 것이 더 정확한 방법이 될 수 있습니다.

⦂ 단계별 재료 입자 크기

단계가 올라갈수록 재료를 조금씩 크게 손질해야 저작 연습이 되면서 나중에 입자가 큰 음식을 먹게 됩니다. 단계별 입자 크기를 참고하되 수치에 정확히 맞추려고 하기보다 딱딱한 재료는 좀 더 작게 무른 재료는 좀 더 크게 손질하는 것이 오히려 아기가 적응하는 데 도움이 됩니다. 개월 수가 같더라도 아기마다 입자 크기에 적응하는 속도가 다를 수 있으니 아기에게 맞추는 것이 중요합니다.

표 10_ 이유식 단계별 재료 입자 크기

단계	중기 준비기	중기 적응기 후기 준비기	후기 적응기 완료기 준비기	완료기 적응기	
입자 크기	잘게 다지기	약 0.3cm	약 0.5cm	약 0.7cm	
당근					
양배추					
브로콜리					
표고버섯					

*초기 단계는 재료를 잘게 다진 뒤 체에 걸러서 이유식을 완성하므로
단계별 재료 입자 크기에 넣지 않았습니다.

단계별 육수

이유식에 들어가는 재료만으로도 영양이 충분해 육수를 꼭 사용해야 하는 건 아닙니다. 하지만 필요한 경우 나트륨 섭취가 높아질 수 있으니 희석해서 사용하길 권합니다. 아기는 미뢰가 발달해 맛에 예민하므로 잡내를 제대로 제거하지 못한 육수를 사용할 경우 이유식을 잘 먹던 아이도 거부할 수 있습니다. 육수 맛이 강하면 이유식에 들어간 식재료 본연의 맛을 느낄 수 없으니 이유식을 갑자기 잘 안 먹거나 아파서 입맛이 없을 때 감칠맛을 내는 정도로 활용하길 권합니다.

육수 사용은 초기 적응기부터 가능하나 가급적 중기부터

초기 이유식인 소고기미음이나 닭고기미음에 알레르기 반응이 나타나지 않았다면 육수를 활용할 수 있습니다. 초기에는 가급적 재료 본연의 맛을 충분히 느끼는 것이 좋으므로 육수는 중기부터 적당히 사용하길 권합니다. 육수를 만들 때 고기 외의 재료 역시 이유식 단계에 맞게 넣어야 합니다.

육수 만들기

• 소고기 육수 (중기)	• 닭고기 육수 (중기)
재료 | 소고기(양지 또는 사태) 100g, 무 50g, 물 약 1,500㎖ 1. 소고기의 기름기를 제거하고 찬물에서 30분 정도 핏물을 제거한다. 2. 소고기와 무를 망에 넣는다. 3. 냄비에 분량의 물과 2번 망을 넣고 센 불에서 끓인다. 4. 끓어오르기 시작하면 불을 줄이고 1시간 정도 더 끓인다. 5. 끓이는 중간중간 불순물을 제거한다. 6. 육수가 우러나면 망을 건져내고 한 김 식힌다. 7. 고운체나 찜망에 내려 냉장고에 보관한다. 8. 차가워진 육수에 기름이 뜨면 걷어낸다. 9. 분량대로 팩에 담아 냉동 보관한다. ※후기부터는 중기에 사용한 무 외에 양파와 표고버섯을 추가할 수 있다.	재료 | 닭다리 2개, 양파 50g, 물 약 1,500㎖ 1. 닭다리의 껍질을 벗기고 기름기를 제거해 찬물에 잠시 담가 둔다. 2. 닭다리와 양파를 망에 넣는다. 3. 냄비에 분량의 물과 2번 망을 넣고 센 불에서 끓인다. 4. 끓어오르기 시작하면 불을 줄이고 1시간 정도 더 끓인다. 5. 끓이는 중간중간 불순물을 제거한다. 6. 육수가 우러나면 망을 건져내고 한 김 식힌다. 7. 고운체나 찜망에 내려 냉장고에 보관한다. 8. 차가워진 육수에 기름이 뜨면 걷어낸다. 9. 분량대로 팩에 담아 냉동 보관한다. ※후기부터는 중기에 사용한 양파 외에 대파를 추가할 수 있다.
• 구기자 육수 (중기 이후)	• 채소 육수 만들 때 주의할 점
재료 | 말린 구기자 10g, 물 약 2,000㎖ 1. 말린 구기자를 깨끗하게 씻는다. 2. 냄비에 분량의 물과 구기자를 넣어 30분 정도 우린다. 3. 센 불에서 끓이다가 끓어오르기 시작하면 불을 줄이고 　30분 정도 더 끓인다. 4. 구기자를 건져내고 분량대로 팩에 담아 냉동 보관한다.	채소 육수를 만들 때는 질산염이 없는 채소를 사용한다. 질산염은 수용성으로 끓이면 물에 녹아나므로 질산염이 많은 당근이나 시금치, 배추 등은 육수 재료로 적당하지 않다. 육수의 가장 기본적인 재료이면서 많이 사용하는 채소는 무와 양파로, 여기에도 질산염이 다소 들어있어 적당히 사용해야 한다.

PART I

초기 이유식

5~6개월

초기 이유식은 숟가락을 통해 입으로 음식을 먹는 첫 단계로 '미음'으로 표현합니다.

한 숟가락으로 시작해 점차 양을 늘리면서 음식을 탐색하고

숟가락과 친해질 수 있도록 도와주세요.

이 시기는 주로 모유나 수유를 통해 영양을 섭취합니다.

이유식으로 영양을 보충해준다는 생각으로 접근하면

아기가 잘 먹지 않을 때 조급한 마음에 적정량보다 더 많이 먹이려고 애쓰게 됩니다.

영양사 맘의 이유식 4원칙 중 '숫자에 연연하지 않기'를 되새기면서

아기가 이유식에 잘 적응할 수 있도록 여유를 가지고 진행해 주세요.

초기 이유식 가이드

초기 단계는 5~6개월에 시작하며 준비기와 적응기로 나뉩니다.

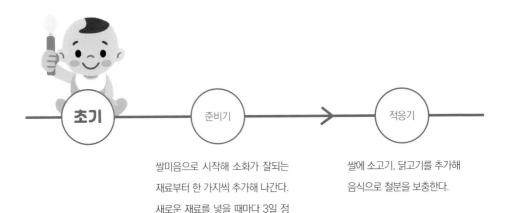

준비기
쌀미음으로 시작해 소화가 잘되는 재료부터 한 가지씩 추가해 나간다. 새로운 재료를 넣을 때마다 3일 정도 알레르기 반응을 지켜본다.

적응기
쌀에 소고기, 닭고기를 추가해 음식으로 철분을 보충한다.

1. 이유식 횟수
1일 1회

2. 이유식 섭취량
초기 이유식 레시피 분량으로 만든 이유식을 3일 정도 나눠서 준다.

3. 수유 섭취량
• 5개월에 이유식 시작한 아기 – 약 720㎖를 하루에 나눠서 준다.

• 6개월에 이유식 시작한 아기 – 약 770㎖를 하루에 나눠서 준다.

4. 입자 크기
• 재료를 작게 다져서 쌀과 함께 끓인 뒤 체에 내려 완성한다.

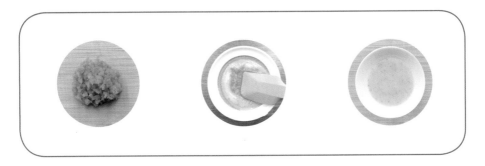

5. 초기 식단표

1일	2일	3일	4일	5일	6일
쌀미음 *p.40*			찹쌀미음 *p.40*		
7일	8일	9일	10일	11일	12일
양배추미음 *p.42*			애호박미음 *p.46*		
13일	14일	15일	16일	17일	18일
고구마미음 *p.44*			브로콜리미음 *p.48*		
19일	20일	21일	22일	23일	24일
단호박미음 *p.50*			오이미음 *p.58*		
25일	26일	27일	28일	29일	30일
청경채미음 *p.54*			사과미음 *p.52*		

* 쌀미음 이후에는 소화에 부담이 적은 채소부터 탄수화물이 풍부한 재료, 잎채소, 과일 순서로 재료를 추가한다.

1일	2일	3일	4일	5일	6일
소고기미음 *p.64*			닭안심미음 *p.72*		
7일	8일	9일	10일	11일	12일
소고기 비타민미음 *p.68*			닭안심 적채미음 *p.76*		
13일	14일	15일	16일	17일	18일
소고기 단호박미음 *p.66*			닭안심 당근미음		
19일	20일	21일	22일	23일	24일
소고기 무미음			닭안심 감자미음 *p.78*		
25일	26일	27일	28일	29일	30일
소고기 배미음 *p.70*			닭안심 애호박미음 *p.74*		

* 6개월부터는 철분 섭취를 위해 소고기와 닭고기를 매일 식단에 포함한다.
질산염 함량이 높은 채소(당근, 시금치, 무 등)는 6개월 이후부터 사용한다.

6. 초기 팁

◎ **6개월에 이유식을 시작할 경우**

쌀미음으로 시작해 채소를 넣은 이유식을 3~4가지 먹여본 후 소고기미음을 진행합니다. 이 과정을 한 달 정도 진행한 뒤 중기 준비기에 들어갑니다. 아기가 거름망에 거르지 않은 재료를 먹기 낯설어 한다면 초기 단계를 조금 더 진행한 뒤 중기 준비기에 들어가는 게 좋습니다. 아기의 발달 상태나 적응 상태를 봐가면서 이유식 단계를 조절해 주세요.

				6개월에 초기 시작	
1일	2일	3일	4일	5일	6일
쌀미음 p.40			양배추미음 p.42		
7일	8일	9일	10일	11일	12일
애호박미음 p.46			고구마미음 p.44		
13일	14일	15일	16일	17일	18일
소고기미음 p.64			닭안심미음 p.72		
19일	20일	21일	22일	23일	24일
소고기 단호박미음 p.66			닭안심 적채미음 p.76		
25일	26일	27일	28일	29일	30일
소고기 비타민미음 p.68			닭안심 당근미음		

◎ **쌀 vs 쌀가루**

쌀은 소화가 잘되고 알레르기 반응이 적어 이유식 초기에 미음 형태로 만들어 먹입니다. 미음은 쌀을 불린 뒤 갈아서 만드는 방법과 시판 쌀가루를 이용하는 방법이 있습니다.

1) 쌀을 갈아서 만들기

쌀을 조물조물 씻은 후 너무 오래 불리면 영양소가 파괴될 수 있으니 여름에는 30분 정도, 겨울에는 40~50분 정도 불린 후 믹서나 절구를 이용해 갈아 줍니다.

믹서에 갈기

절구 이용하기

2) 시판 쌀가루로 만들기

시판 쌀가루를 이용하면 미음을 좀 더 간편하게 만들 수 있어요. 이때 쌀가루 자체에는 문제가 없더라도 제조 공장에서 쌀과 같이 가공하는 제품이 아기에게 문제를 일으킬 수 있습니다. 쌀가루를 고를 때 단독 가공한 제품인지 라벨을 확인하는 것이 좋습니다. 미음을 만들 때는 쌀가루를 먼저 찬물에 갠 다음 끓여야 뭉치지 않아요.

원재료명 및 함량	쌀(국내산, 유기농)100%
포장재질	폴리에틸렌(내포장), 종이(외포장)
반품 및 교환	구입처
품목보고번호	░░░░░░

- 본 제품은 우유, 메밀, 땅콩, 대두, 밀, 토마토, 호두, 잣, 닭고기, 쇠고기를 사용한 제품과 같은 제조시설에서 제조하고 있습니다.
- 본 제품은 공정거래위원회 고시 소비자 분쟁 해결 기준에 의거 교환 또는 보상을 받을 수 있습니다.

3) 물과 시간 맞추기

		사용량	물의 양	끓이는 시간
쌀		12g	약 180㎖	약 7분
쌀가루		10g	약 180㎖	약 5분 30초 ~ 6분
		10g	약 200㎖	약 7분

불린 쌀은 쌀의 종류, 날씨, 불린 후 물을 제거한 상태에 따라 무게가 달라질 수 있으므로 쌀을 기준으로 맞춥니다.

쌀가루로 미음을 만들 때 물의 양을 쌀과 동일하게 맞출 경우 끓이는 시간을 약간 줄이고, 끓이는 시간을 쌀과 동일하게 맞출 경우 물의 양을 늘립니다.

쌀(찹쌀)미음

쌀은 알레르기를 유발할 수 있는 단백 성분인 글루텐이 없고
소화가 잘돼 이유식을 처음 시작할 때 사용하기 좋아요.

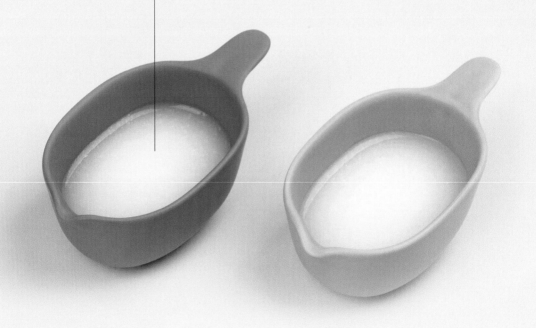

🥚 쌀(찹쌀) 12g   물 약 180㎖

과
정

1. 분량의 쌀(찹쌀)을 씻어서 30분 정도 물에 불린 뒤 물기를 충분히 빼요.

2. 불린 쌀(찹쌀)과 물 1/3을 믹서에 넣고 곱게 갈아요.

3. 냄비에 쌀(찹쌀)과 나머지 물을 넣어요.

4. 센 불에서 저어 가며 끓이다가 끓어오르면 불을 줄이고 쌀(찹쌀)이 푹 퍼질 때까지 끓여요.

5. 완성된 쌀(찹쌀)미음을 체에 내려요.

6. 한 끼 분량으로 나누어 담아 냉장고에 보관해요.

 영양사 맘의 조리팁

미음을 쉽게 만들려면 쌀가루를 이용해도 좋아요.

시판용 쌀가루의 포장지 뒷면에 우유, 메밀, 땅콩, 호두 등을 제조하는 시설에서 생산한다는 안내문이 적혀 있어요.

이로 인해 쌀가루에 알레르기 반응을 보이는 아이도 있으니 아기가 먹는 동안 주의 깊게 살펴 주세요.

양배추(적채)미음

양배추는 비타민 B, C와 필수 아미노산인 라이신이 풍부해
면역력을 높이고 위장을 튼튼하게 해 줘요.
식이섬유소가 많아 변비 예방에도 좋아요.

재
료

3회분

⬭ 쌀 12g　　　　　　　物 약 180㎖　　　　　　양배추(적채) 10g

과
정

1. 분량의 쌀을 씻어서 30분 정도 물에 불린 뒤 물기를 충분히 빼요.

2. 양배추(적채)를 깨끗하게 씻어서 줄기를 제거하고 잎 부분만 분량대로 준비해요.

3. 양배추(적채)를 찜기에 넣고 쪄요.

4. 쌀과 양배추(적채), 물 1/3을 믹서에 넣고 곱게 갈아요.

5. 냄비에 4를 넣고 나머지 물을 부어요.

6. 센 불에서 저어 가며 끓이다가 끓어오르면 불을 줄이고 쌀이 푹 퍼질 때까지 끓여요.

7. 완성된 양배추(적채)미음을 체에 내려요.

8. 한 끼 분량으로 나누어 담아 냉장고에 보관해요.

 영양사 맘의 조리팁

양배추는 겉잎이 짙은 초록색을 띠고, 들었을 때 묵직하고 단단한 것이 좋아요.

고구마미음

고구마는 수분이 적고 탄수화물이 많아 감자보다 열량이 높지만
필수 아미노산과 식이섬유가 풍부해 영양가가 높고 소화가 잘돼요.

쌀 12g　　　　물 약 180㎖　　　　고구마 10g

과
정

1. 분량의 쌀을 씻어서 30분 정도 물에 불린 뒤 물기를 충분히 빼요.

2. 고구마를 깨끗하게 씻어서 껍질을 벗겨 분량대로 준비해요.

3. 고구마를 찜기에 넣고 쪄요.

4. 쌀과 고구마, 물 1/3을 믹서에 넣고 곱게 갈아요.

5. 냄비에 4를 넣고 나머지 물을 부어요.

6. 센 불에서 저어 가며 끓이다가 끓어오르면 불을 줄이고 쌀이 푹 퍼질 때까지 끓여요.

7. 완성된 고구마미음을 체에 내려요.

8. 한 끼 분량으로 나누어 담아 냉장고에 보관해요.

영양사 맘의 조리팁

달콤하고 순한 맛이 특징인 고구마는 향이 강한 채소(브로콜리, 청경채 등)와 함께 조리하면 아기가 거부감 없이 잘 먹어요.

애호박미음

애호박은 당질 및 비타민 A, C가 풍부해
소화 흡수가 잘 되고 위장이 약한 아이에게 좋아요.
특히 애호박 씨에는 두뇌 발달에 좋은 레시틴 성분이 풍부해요.

쌀 12g

물 약 180㎖

 애호박 10g

과정

1. 분량의 쌀을 씻어서 30분 정도 물에 불린 뒤 물기를 충분히 빼요.

2. 애호박을 깨끗하게 씻어서 가운데 씨를 제거하고 껍질을 살짝 벗겨 분량대로 준비해요.

3. 애호박을 찜기에 넣고 쪄요.

4. 쌀과 애호박, 물 1/3을 믹서에 넣고 곱게 갈아요.

5. 냄비에 4를 넣고 나머지 물을 부어요.

6. 센 불에서 저어 가며 끓이다가 끓어오르면 불을 줄이고 쌀이 푹 퍼질 때까지 끓여요.

7. 완성된 애호박미음을 체에 내려요.

8. 한 끼 분량으로 나누어 담아 냉장고에 보관해요.

 영양사 맘의 조리팁

이유식 초기에는 애호박의 껍질과 씨를 제거하는 게 좋아요.

껍질의 섬유질이 소화에 부담을 주고 씨는 알레르기를 유발할 수 있어요.

브로콜리(콜리플라워)미음

브로콜리는 비타민 C가 레몬의 두 배이며,
칼슘과 인, 철분, 두뇌 발달에 좋은 엽산이 풍부해요.

🥚 쌀 12g   물 약 180㎖   🥦 브로콜리(콜리플라워) 10g

과정

1. 분량의 쌀을 씻어서 30분 정도 물에 불린 뒤 물기를 충분히 빼요.

2. 브로콜리(콜리플라워)를 깨끗하게 씻어서 송이 부분만 분량대로 준비해요.

3. 브로콜리(콜리플라워)를 데쳐요.

4. 데친 브로콜리(콜리플라워)는 절구를 이용해 으깨요.

5. 쌀과 물 1/3을 믹서에 넣고 곱게 갈아요.

6. 냄비에 5와 브로콜리(콜리플라워)를 넣고 나머지 물을 부어요.

7. 센 불에서 저어 가며 끓이다가 끓어오르면 불을 줄이고 쌀이 푹 퍼질 때까지 끓여요.

8. 완성된 브로콜리(콜리플라워)미음을 체에 내려요.

9. 한 끼 분량으로 나누어 담아 냉장고에 보관해요.

영양사 맘의 조리팁
───────────────────────────────
브로콜리 줄기에는 섬유질이 많아 소화에 부담을 줄 수 있으니 송이 부분만 사용하는 게 좋아요.

단호박미음

단호박은 섬유질이 풍부해 변비 예방에 좋고
풍부한 베타카로틴이 면역력을 높여요.

재
료

3회분

🥚 쌀 12g   물 약 180㎖   단호박 10g

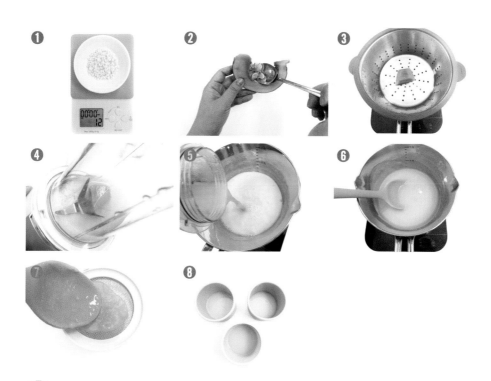

① ② ③ ④ ⑤ ⑥ ⑦ ⑧

과
정

1. 분량의 쌀을 씻어서 30분 정도 물에 불린 뒤 물기를 충분히 빼요.

2. 단호박을 잘라서 숟가락으로 씨를 긁어내고 껍질을 벗겨 분량대로 준비해요.

3. 단호박을 찜기에 쪄요.

4. 쌀과 단호박, 물 1/3을 믹서에 넣고 곱게 갈아요.

5. 냄비에 4를 넣고 나머지 물을 부어요.

6. 센 불에서 저어 가며 끓이다가 끓어오르면 불을 줄이고 쌀이 푹 퍼질 때까지 끓여요.

7. 완성된 단호박미음을 체에 내려요.

8. 한 끼 분량으로 나누어 담아 냉장고에 보관해요.

 영양사 맘의 조리팁

단호박을 전자레인지에 살짝 돌린 뒤 손질하면 자르거나 껍질 벗기기가 편해요.
남은 단호박은 속을 파낸 다음 사용할 만큼씩 소분해서 냉동실에 보관해요.

사과미음

사과는 수분과 섬유질이 많아 장운동을 촉진해
변비는 물론 배에 가스 차는 증상을 완화해요.

재료

3회분

 쌀 12g   물 약 180㎖   사과 10g

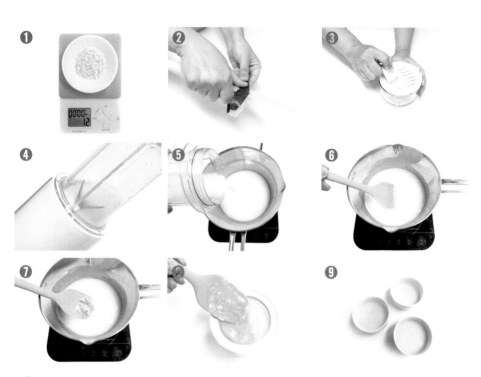

과정

1. 분량의 쌀을 씻어서 30분 정도 물에 불린 뒤 물기를 충분히 배요.

2. 사과를 깨끗하게 씻어서 가운데 씨를 제거하고 껍질을 벗겨 분량대로 준비해요.

3. 사과를 강판에 갈아요.

4. 쌀과 물 1/3을 믹서에 넣고 곱게 갈아요.

5. 냄비에 4와 나머지 물을 부어요.

6. 센 불에서 저어 가며 끓이다가 끓어오르면 불을 줄이고 쌀이 푹 퍼질 때까지 끓여요.

7. 이유식이 마무리될 때쯤 갈아 놓은 사과를 넣고 살짝 끓여요.

8. 완성된 사과미음을 체에 내려요.

9. 한 끼 분량으로 나누어 담아 냉장고에 보관해요.

 영양사 맘의 조리팁

과일을 갈아서 넣으면 이유식 농도가 묽어질 수 있어요. 적정 농도가 될 때까지 조금 더 끓여 주세요.
갈아 놓은 사과가 갈변되었을 때 한 번 끓여주면 다시 사과 본연의 색으로 돌아와요.

청경채(비타민)미음

청경채는 칼슘은 물론 칼륨과 비타민 A, C가 풍부해
면역력을 높이고 변비 예방에 좋아요.

재료 3회분	쌀 12g	물 약 180㎖	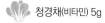 청경채(비타민) 5g

과정

1. 분량의 쌀을 씻어서 30분 정도 물에 불린 뒤 물기를 충분히 빼요.

2. 청경채(비타민)를 깨끗하게 씻어서 줄기를 잘라내고 잎 부분만 분량대로 준비해요.

3. 청경채(비타민)를 데쳐요.

4. 데친 청경채(비타민)는 절구를 이용해 잘게 으깨요.

5. 쌀과 물 1/3을 믹서에 넣고 곱게 갈아요.

6. 냄비에 5와 청경채(비타민), 나머지 물을 붓고 센 불에서 저어 가며 끓이다가
   끓어오르면 불을 줄이고 쌀이 푹 퍼질 때까지 끓여요.

7. 완성된 청경채(비타민)미음을 체에 내려요.

8. 한 끼 분량으로 나누어 담아 냉장고에 보관해요.

 영양사 맘의 조리팁

청경채 줄기는 섬유질이 많아 소화에 부담을 줄 수 있으니 잎만 사용해요.
청경채는 잎의 색이 변하지 않고 초록색을 띠며 줄기가 통통하고 단단한 것이 싱싱해요.

감자미음

감자는 풍부한 철분으로 빈혈을 예방하고
비타민 C와 B1, B2를 함유하고 있어
감기나 설사를 완화하는 데 도움이 돼요.

쌀 12g   물 약 180㎖   감자 10g

과
정

1. 분량의 쌀을 씻어서 30분 정도 물에 불린 뒤 물기를 충분히 빼요.

2. 감자를 깨끗하게 씻어서 껍질을 벗기고 분량대로 준비해요.

3. 감자를 찜기에 넣고 쪄요.

4. 쌀과 감자, 물 1/3을 믹서에 넣고 곱게 갈아요.

5. 냄비에 4를 넣고 나머지 물을 부어요.

6. 센 불에서 저어 가며 끓이다가 끓어오르면 불을 줄이고 쌀이 푹 퍼질 때까지 끓여요.

7. 완성된 감자미음을 체에 내려요.

8. 한 끼 분량으로 나누어 담아 냉장고에 보관해요.

 영양사 맘의 조리팁

채소의 비타민은 조리 과정에서 파괴되기 쉽지만 감자는 전분이 비타민을 둘러싸고 있어 손실되는 양이 적어요.
특히 물에 삶거나 오븐에 굽는 것보다 쪄서 사용해야 비타민 손실을 최소화할 수 있어요.

오이미음

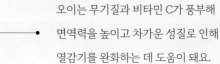

오이는 무기질과 비타민 C가 풍부해
면역력을 높이고 차가운 성질로 인해
열감기를 완화하는 데 도움이 돼요.

재
료

3회분

🌾 쌀 12g   물 약 180㎖   🥒 오이 10g

과
정

1. 분량의 쌀을 씻어서 30분 정도 물에 불린 뒤 물기를 충분히 배요.

2. 오이를 깨끗하게 씻어서 가운데 씨를 제거하고 껍질을 벗겨 분량대로 준비해요.

3. 오이를 데쳐요.

4. 쌀과 오이, 물 1/3을 믹서에 넣고 곱게 갈아요.

5. 냄비에 4를 넣고 나머지 물을 부어요.

6. 센 불에서 저어 가며 끓이다가 끓어오르면 불을 줄이고 쌀이 푹 퍼질 때까지 끓여요.

7. 완성된 오이미음을 체에 내려요.

8. 한 끼 분량으로 나누어 담아 냉장고에 보관해요.

 영양사 맘의 조리팁

오이의 씨는 알레르기를 유발할 수 있으니 이유식 초기에는 제거하는 게 좋아요.

완두콩미음

완두콩은 아기 성장 및 발달에 중요한
단백질과 철분, 칼슘이 풍부해요.
위장과 대장에 탈이 생겼을 때도 도움이 돼요.

재
료

3회분

 쌀 12g   물 약 180㎖   완두콩 5g

과
정

1. 분량의 쌀을 씻어서 30분 정도 물에 불린 뒤 물기를 충분히 빼요.

2. 완두콩을 씻어서 30분 정도 삶아요.

3. 삶은 완두콩의 껍질을 벗겨요.

4. 삶은 완두콩은 절구를 이용해 으깨요.

5. 쌀과 물 1/3을 믹서에 넣고 곱게 갈아요.

6. 냄비에 5와 으깬 완두콩을 넣고 나머지 물을 부어요.

7. 센 불에서 저어 가며 끓이다가 끓어오르면 불을 줄이고 쌀이 푹 퍼질 때까지 끓여요.

8. 완성된 완두콩미음을 체에 내려요.

9. 한 끼 분량으로 나누어 담아 냉장고에 보관해요.

 영양사 맘의 조리팁

완두콩은 수확기인 4~6월에 구입해 끓는 물에 소금을 약간 넣고 데친 뒤
한 번 먹을 분량으로 소분해서 냉동 보관하고 필요할 때마다 꺼내서 사용해요.

적채(양배추) 사과미음

적채는 흰색 양배추보다 과당과 포도당, 비타민 C가 많아요.

특히 비타민 U가 풍부해 위장을 튼튼하게 해 줘요.

재료			
3회분	🌾 쌀 12g		🥬 적채(양배추) 5g
	💧 물 약 180㎖		🍎 사과 5g

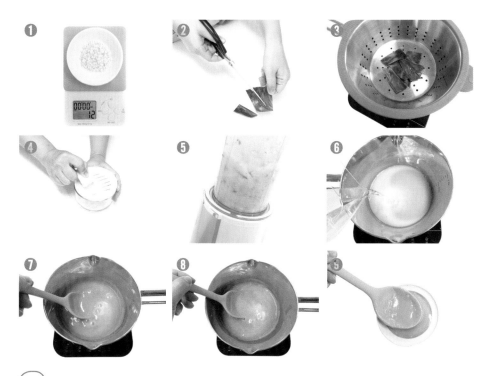

과정

1. 분량의 쌀을 씻어서 30분 정도 물에 불린 뒤 물기를 충분히 빼요.

2. 적채(양배추)를 깨끗하게 씻어서 줄기를 제거하고 잎 부분만 분량대로 준비해요.

3. 적채(양배추)를 찜기에 넣고 쪄요.

4. 사과는 씨를 제거하고 껍질을 벗겨 분량만큼 준비해 강판에 갈아요.

5. 쌀과 적채(양배추), 물 1/3을 믹서에 넣고 곱게 갈아요.

6. 냄비에 5를 넣고 나머지 물을 부어요.

7. 센 불에서 저어 가며 끓이다가 끓어오르면 불을 줄이고 쌀이 푹 퍼질 때까지 끓여요.

8. 이유식이 완성될 즈음 갈아 놓은 사과를 넣고 살짝 끓여요.

9. 완성된 적채(양배추) 사과미음을 체에 내리고 한 끼 분량으로 나누어 담아 냉장고에 보관해요.

 영양사 맘의 조리팁

적채는 조리 방법에 따라 색이 조금씩 달라져요. 데칠 때보다 찔 때 색이 더 진해요.

소고기미음

소고기는 철분 섭취를 위해 6개월부터 먹여요.

철분은 두뇌를 발달시키고 빈혈을 예방해요.

쌀 12g　　　　　물 약 180㎖　　　　　소고기(안심/우둔살) 10g

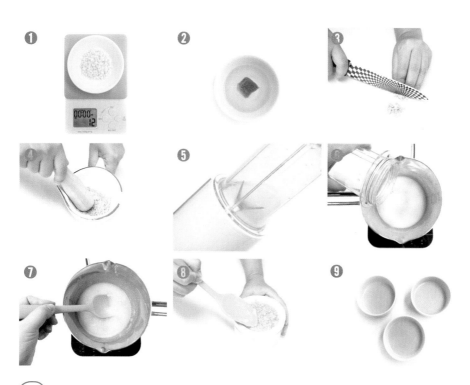

과정

1. 분량의 쌀을 씻어서 30분 정도 물에 불린 뒤 물기를 충분히 빼요.

2. 소고기를 찬물에 5~10분 정도 담가 핏물을 제거해요.

3. 소고기를 삶아서 작게 썰어요.

4. 소고기는 절구를 이용해 으깨요.

5. 쌀과 물 1/3을 믹서에 넣고 곱게 갈아요.

6. 냄비에 5와 으깬 소고기를 넣고 나머지 물을 부어요.

7. 센 불에서 저어가며 끓이다가 끓어오르면 불을 줄이고 쌀이 푹 퍼질 때까지 끓여요.

8. 완성된 소고기미음을 체에 내려요.

9. 한 끼 분량으로 나누어 담아 냉장고에 보관해요.

 영양사 맘의 조리팁

신선한 소고기는 키친타월을 이용해 표면을 닦아 핏물을 제거해도 괜찮아요.

소고기 단호박미음

단호박은 비타민 C가 풍부해 면역력 강화에 좋아요.

맛이 달콤하고 부드러워 아기가 잘 먹는 재료 중 하나예요.

재
료

3회분

 쌀 12g

 소고기(안심/우둔살) 10g

 물 약 180㎖

 단호박 15g

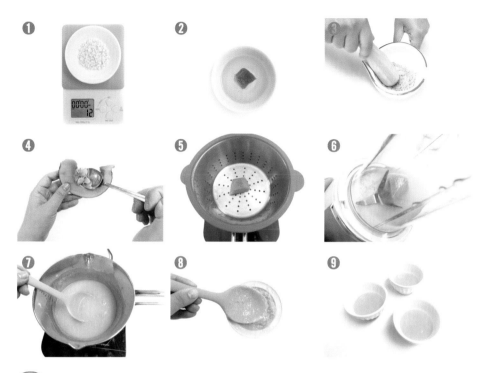

과
정

1. 분량의 쌀을 씻어서 30분 정도 물에 불린 뒤 물기를 충분히 빼요.

2. 소고기를 찬물에 5-10분 정도 담가 핏물을 제거해요.

3. 소고기를 삶아서 작게 썬 뒤 절구를 이용해 으깨요.

4. 단호박의 씨와 껍질을 제거하고 분량대로 준비해요.

5. 단호박을 찜기에 넣고 쪄요.

6. 쌀과 단호박, 물 1/3을 믹서에 넣고 곱게 갈아요.

7. 냄비에 6과 으깬 소고기를 넣고 쌀이 푹 퍼질 때까지 끓여요.

8. 완성된 소고기 단호박미음을 체에 내려요.

9. 한 끼 분량으로 나누어 담아 냉장고에 보관해요.

 영양사 맘의 조리팁

신선한 고기를 사용할 경우 고기 삶은 물을 육수로 사용해도 좋지만 신선하지 않다면
오히려 잡내가 나 아기가 이유식을 거부하는 원인이 될 수 있어요.

소고기 비타민(청경채)미음

비타민은 다채라고도 불리며 이름에 걸맞게

비타민 A, B1, B2, C가 풍부해요.

시금치의 약 2배에 달하는 카로틴은 눈 건강에 도움을 줘요.

쌀 12g

물 약 180㎖

소고기(안심/우둔살) 10g

비타민(청경채) 10g

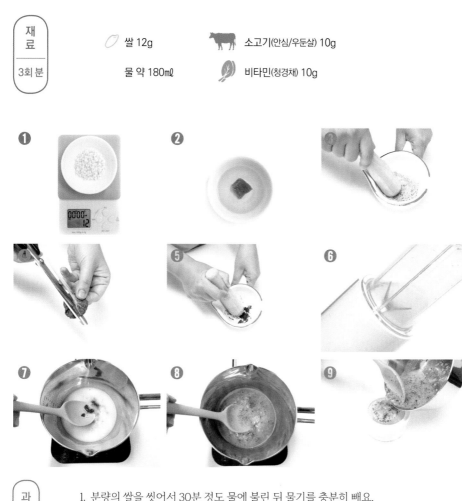

과정

1. 분량의 쌀을 씻어서 30분 정도 물에 불린 뒤 물기를 충분히 빼요.

2. 소고기는 찬물에 5분-10분 정도 담가 핏물을 제거해요.

3. 소고기를 삶아 작게 썰고 절구를 이용해 으깨요.

4. 비타민(청경채)을 깨끗하게 씻어서 줄기를 잘라내고 잎 부분만 분량대로 준비해요.

5. 비타민(청경채)을 데쳐서 절구를 이용해 으깨요.

6. 쌀과 물 1/3을 믹서에 넣고 곱게 갈아요.

7. 냄비에 6과 소고기, 비타민(청경채)을 넣고 나머지 물을 넣어요.

8. 센 불에서 저어가며 끓이다가 끓어오르면 불을 줄이고 쌀이 푹 퍼질 때까지 끓여요.

9. 완성된 소고기 비타민(청경채)미음을 체에 내린 뒤

   한 끼 분량으로 나누어 담아 냉장고에 보관해요.

영양사 맘의 조리팁

비타민이나 청경채처럼 쌉쌀한 맛이 강한 잎채소를 다른 채소들과 비슷한 양으로 넣으면 맛이 강해
아기가 이유식을 거부하는 원인이 될 수 있어요. 맛의 조화를 위해 다른 채소보다 덜 넣는 게 좋아요.

소고기 배(사과)미음

배는 감기나 기침, 기관지 질환에 좋아요.

소화를 촉진하고 염증을 진정시키며 열을 내리는 효과가 있어요.

재료
3회분

🥚 쌀 12g

🐄 소고기(안심/우둔살) 10g

물 약 180㎖

배(사과) 15g

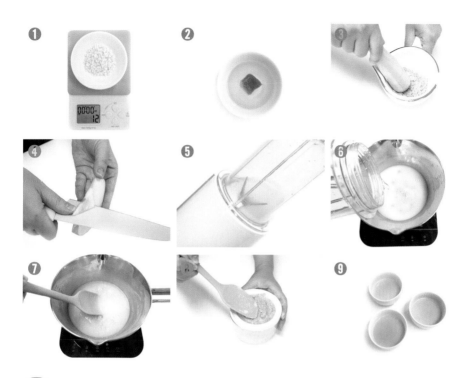

과정

1. 분량의 쌀을 씻어서 30분 정도 물에 불린 뒤 물기를 충분히 빼요.

2. 소고기는 찬물에 5분~10분 정도 담가 핏물을 제거해요.

3. 소고기를 삶아서 작게 썰고 절구를 이용해 으깨요.

4. 배(사과)는 가운데 씨를 잘라내고 껍질을 벗겨 분량대로 준비해 강판에 갈아요.

5. 쌀과 물 1/3을 믹서에 넣고 곱게 갈아요.

6. 냄비에 5와 소고기를 넣고 나머지 물을 부어요.

7. 센 불에서 저어 가며 끓이다가 끓어오르면 불을 줄이고 쌀이 푹 퍼질 때쯤
   갈아 놓은 배(사과)를 넣고 끓여요.

8. 완성된 소고기 배(사과)미음을 체에 내려요.

9. 한 끼 분량으로 나누어 담아 냉장고에 보관해요.

 영양사 맘의 조리팁

과일은 영양소 파괴를 최소화하기 위해 조리 마지막 단계에 넣는 게 좋아요.

닭안심미음

닭고기는 다른 육류에 비해 단백질 함량이
월등히 높아 두뇌 성장에 좋아요.

쌀 12g　　　　 물 약 180㎖　　　　 닭안심 10g

과정

1. 분량의 쌀을 씻어서 30분 정도 물에 불린 뒤 물기를 충분히 빼요.

2. 닭안심은 얇은 막과 힘줄을 제거하고 모유나 분유에 5분 정도 담가 누린내를 제거해요.

3. 닭안심을 삶아서 작게 썰어요.

4. 작게 썬 닭안심을 절구를 이용해 으깨요.

5. 불린 쌀과 물 1/3을 믹서에 넣고 곱게 갈아요.

6. 냄비에 5와 닭안심을 넣고 나머지 물을 부어요.

7. 센 불에서 저어 가며 끓이다가 끓어오르면 불을 줄이고 쌀이 푹 퍼질 때까지 끓여요.

8. 완성된 닭안심미음을 체에 내려요.

9. 한 끼 분량으로 나누어 담아 냉장고에 보관해요.

 영양사 맘의 조리팁

닭고기는 다른 고기에 비해 육질이 부드러워 얼리면 맛이 떨어질 수 있어요.
이유식을 만든 후 남은 닭고기는 냉동 보관하기보다 다른 반찬으로 활용하는 게 좋아요.

닭안심 애호박미음

닭고기는 육류 가운데 불포화지방산과 비타민이 풍부하고

가늘고 연한 근섬유로 구성되어 있어

소화 흡수가 잘되는 단백질 공급원이에요.

재료
3회분

찹쌀 12g

닭안심 10g

물 약 180㎖

애호박 15g

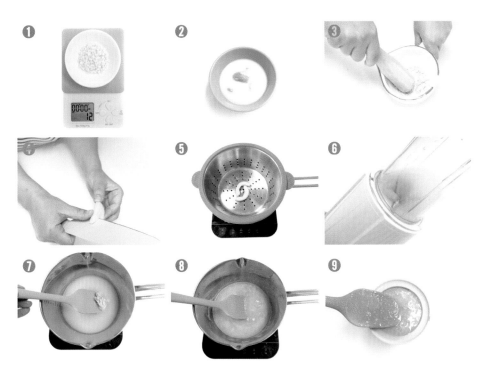

과정

1. 분량의 찹쌀을 씻어서 30분 정도 물에 불린 뒤 물기를 충분히 빼요.

2. 닭안심은 얇은 막과 힘줄을 제거하고 모유나 분유에 5분 정도 담가 누린내를 제거해요.

3. 닭안심을 삶아서 작게 썰고 절구를 이용해 으깨요.

4. 애호박을 깨끗하게 씻어서 가운데 씨를 제거하고 껍질을 살짝 벗겨 분량대로 준비해요.

5. 애호박을 찜기에 넣고 쪄요.

6. 찹쌀과 애호박, 물 1/3을 믹서에 넣고 곱게 갈아요.

7. 냄비에 6과 닭안심을 넣고 나머지 물을 부어요.

8. 센 불에서 저어 가며 끓이다가 끓어오르면 불을 줄이고 쌀이 푹 퍼질 때까지 끓여요.

9. 완성된 닭안심 애호박미음을 체에 내린 뒤 한 끼 분량으로 나누어 담아 냉장고에 보관해요.

 영양사 맘의 조리팁

닭안심을 분유나 모유에 담갔다가 사용하면 잡내를 줄일 수 있어요.

닭안심 적채(양배추)미음

닭안심은 닭고기 부위 중 단백질 함량이 가장 높아요.

지방이 거의 없고 맛이 부드러워 이유식에 사용하기 좋은 재료예요.

재
료

3회분

 찹쌀 12g

물 약 180㎖

 닭안심 10g

적채(양배추) 15g

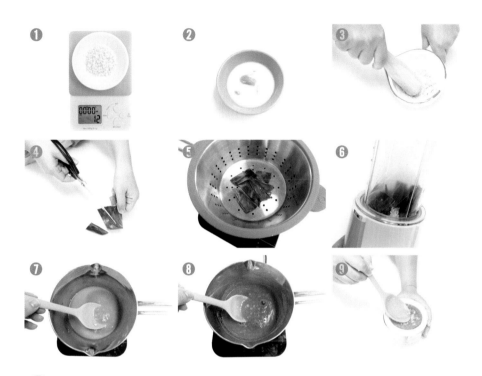

과
정

1. 분량의 찹쌀을 씻어서 30분 정도 물에 불린 뒤 물기를 충분히 빼요.

2. 닭안심은 얇은 막과 힘줄을 제거하고 모유나 분유에 5분 정도 담가 누린내를 제거해요.

3. 닭안심을 삶아서 작게 썰고 절구를 이용해 으깨요.

4. 적채(양배추)를 깨끗하게 씻어서 줄기를 제거하고 잎 부분만 분량대로 준비해요.

5. 적채(양배추)를 찜기에 넣고 쪄요.

6. 찹쌀과 적채(양배추), 물 1/3을 믹서에 넣고 곱게 갈아요.

7. 냄비에 6과 닭안심을 넣고 나머지 물을 부어요.

8. 센 불에서 저어가며 끓이다가 끓어오르면 불을 줄이고 쌀이 푹 퍼질 때까지 끓여요.

9. 완성된 닭안심 적채(양배추)미음을 체에 내린 뒤 한 끼 분량으로 나누어 담아
   냉장고에 보관해요.

 영양사 맘의 조리팁

양배추의 영양 성분은 양배추 안쪽에 많은데 심지는 단단하고 질겨서 이유식에 사용하지 못하고
버리는 경우가 많아요. 심지를 살짝 찐 후 사과나 오렌지와 함께 갈아서 주스로 즐겨 보세요.

닭안심 고구마(감자)미음

고구마는 칼륨이 풍부해 체내의 나트륨 배설을 촉진하고
비타민 C가 풍부해 감기 예방에 좋아요.

재료
3회분

🥚 쌀 12g

🐔 닭안심 10g

물 약 180㎖

🍠 고구마(감자) 15g

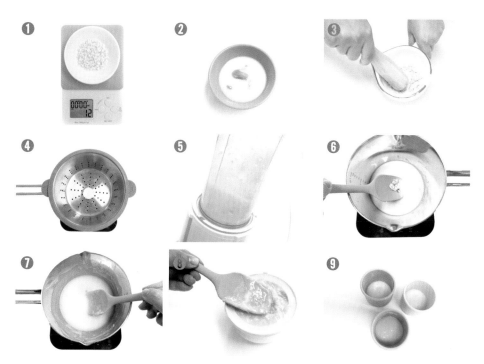

과정

1. 분량의 쌀을 씻어서 30분 정도 물에 불린 뒤 물기를 충분히 빼요.

2. 닭안심은 얇은 막과 힘줄을 제거하고 모유나 분유에 5분 정도 담가 누린내를 제거해요.

3. 닭안심을 삶아서 작게 썰고 절구를 이용해 으깨요.

4. 고구마(감자)는 껍질을 벗겨 분량대로 준비해 찜기에 쪄요.

5. 쌀과 고구마(감자), 물 1/3을 믹서에 넣고 곱게 갈아요.

6. 냄비에 5와 닭안심을 넣고 나머지 물을 부어요.

7. 센 불에서 저어 가며 끓이다가 끓어오르면 불을 줄이고 쌀이 푹 퍼질 때까지 끓여요.

8. 완성된 닭안심 고구마(감자)미음을 체에 내려요.

9. 한 끼 분량으로 나누어 담아 냉장고에 보관해요.

 영양사 맘의 조리팁

감자 싹에는 '솔라닌'이라는 독성 물질이 있어 식중독을 일으킬 수 있어요.

감자에 싹이 났다면 칼로 깊게 도려내 완전히 제거한 후 사용해요.

PART II

중기 이유식

7~9개월

중기 이유식은 약간 되직한 농도로, 거름망에 거르지 않은 입자감을 경험하는 단계로 '죽'으로 표현합니다.

초기 이유식에서 숟가락과 친해졌다면 이제 입을 오물거리며 씹을 준비가 잘 되고 있는지 관찰해야 해요. 중기까지는 모유나 분유가 주식이므로 이유식을 잘 먹는다고 해서 무조건 양을 늘리거나 수유를 줄여서는 안 됩니다. 모유나 분유는 아기의 두뇌 발달과 성장에 필수적인 지방이 풍부해 수유를 줄일 경우 지방이 부족해질 수 있습니다.

중기 이유식 가이드

중기 단계는 7~9개월이며 준비기와 적응기로 나눕니다.
준비기를 약 2주 정도 진행한 뒤 아기가 적응을 잘하면 적응기로 넘어갑니다.
아기 상태에 따라 준비기가 더 필요한 경우 기간을 늘려 진행합니다.

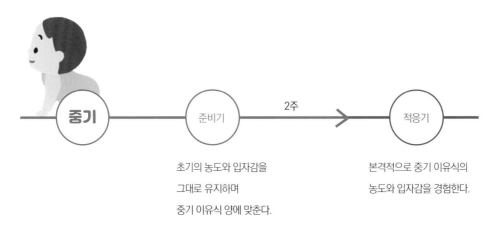

중기 — **준비기** —2주→ **적응기**

초기의 농도와 입자감을	본격적으로 중기 이유식의
그대로 유지하며	농도와 입자감을 경험한다.
중기 이유식 양에 맞춘다.	

---

1. 이유식 횟수
1일 2회

2. 이유식 섭취량
중기 이유식 레시피 양으로 만든 이유식을 하루에 2번 정도 나눠서 준다.

3. 수유 섭취량
약 670㎖를 하루에 나눠서 주되 이유식을 먹인 후 바로 이어서 줄 것을 권장한다.
(이렇게 해야 아기가 한 번에 먹을 수 있는 양(한 끼)을 찾아갈 수 있다.)

4. 입자 크기
준비기는 잘게 다지고 적응기는 0.3cm 크기로 손질한다.

| 준비기 | 적응기 | 준비기 | 적응기 |

5. 중기 식단표

1일	2일	3일	4일	5일	6일
소고기 찹쌀 무죽 p.86			달걀 애호박죽 p.90		
닭안심 청경채죽 p.88			소고기 당근죽		
7일	8일	9일	10일	11일	12일
닭안심 고구마죽			소고기 양송이죽		
소고기 양배추죽			연두부 브로콜리 배죽 p.94		
13일	14일	15일	16일	17일	18일
닭안심 애호박죽			소고기 비타민죽		
소고기 오이죽			대구살 양배추 사과죽 p.92		

1일	2일	3일	4일	5일	6일
소고기 애호박 당근죽 p.96			대구살 파프리카 사과죽 p.116		
닭안심 감자 비트죽 p.102			소고기 콜리플라워 무죽 p.98		
7일	8일	9일	10일	11일	12일
달걀 배추 당근죽 p.110			닭안심 찹쌀 대추 무죽 p.104		
연두부 청경채 배죽 p.124			대구살 비타민 양송이버섯죽 p.118		
13일	14일	15일	16일	17일	18일
달걀 양배추 브로콜리죽 p.108			닭안심 단호박 새송이버섯죽 p.106		
소고기 시금치죽 p.100			연두부 애호박 적채죽 p.120		
19일	20일	21일	22일	23일	24일
소고기 새송이 무죽			연두부 고구마 당근죽 p.122		
닭안심 청경채죽 p.88			소고기 아욱죽		
25일	26일	27일	28일	29일	30일
닭안심 감자 당근죽			달걀 표고버섯 무죽 p.112		
대구살 완두콩 양배추 애호박죽 p.114			소고기 오이 배추죽		

6. 중기 팁

◎ **이유식을 만드는 세 가지 방법**

주로 냄비를 사용하지만 밥솥이나 마스터기로도 가능합니다. 재료가 늘어나는 중기부터는 밥솥이나 마스터기를 이용하면 좀 더 편하게 이유식을 만들 수 있어요. 냄비 이유식의 물의 양을 밥솥과 마스터기에 그대로 적용하면 이유식 농도가 달라질 수 있습니다. 냄비는 뚜껑을 열고 계속 저어 주며 끓이지만 밥솥은 뚜껑이 덮인 채 조리되어 수분 증발이 거의 일어나지 않습니다. 밥솥을 이용할 경우 냄비보다 물의 양을 조금 적게 잡아야 비슷한 농도로 완성됩니다.

밥솥으로 이유식을 만들 경우 밥솥 칸막이를 활용하면 한 번에 두세 가지를 만들 수 있어 비교적 쉬운 방법으로 통합니다. 마스터기는 제조 회사마다 조리 방식에 차이가 있는데 대체로 재료를 찐 다음 밥을 넣고 갈거나 재료를 간 후 밥을 넣고 찌는 방식입니다. 각 조리 도구의 장단점을 비교해보고 자신에게 편한 방법을 찾아 보세요.

1) 냄비

장점
- 농도 조절이 가능하다.
- 이유식 맛이 좋다.

단점
- 각각의 재료를 다지고 조리하는 과정을
  반복하고 계속 저어주며 끓여야 하므로
  다소 힘들 수 있다.

2) 밥솥

장점

- 모든 재료를 한 번에 넣고 버튼만 누르면 된다.
- 한 번에 두세 가지 종류의 이유식이 가능하다.

단점

- 재료 본연의 색감과 식감을 살리기 어렵다.
- 밥솥 칸막이를 사용할 경우 맛이 섞인다.

3) 마스터기

장점

- 한번에 갈거나 섞을 수 있어서 편리하다.
- 찌는 방식이라 영양소 손질이 적다.

단점

- 재료를 갈아서 섞는 방식이어서 맛이 떨어진다.
- 기기를 분해해서 세척하기가 번거롭다.

소고기 찹쌀 무죽

무에 옥시다아제라는 소화효소가 들어 있어
소화 기능을 도와줘요.

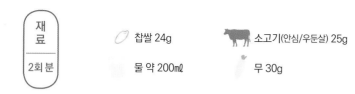

찹쌀 24g　　소고기(안심/우둔살) 25g

물 약 200㎖　　무 30g

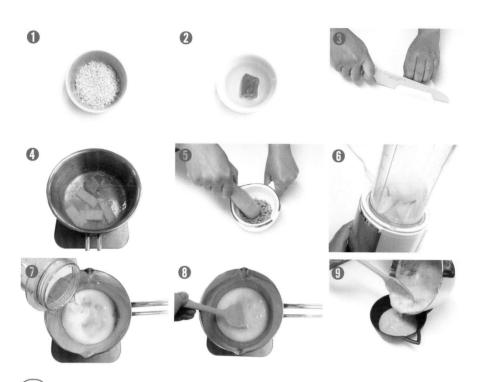

과정

1. 분량의 찹쌀을 씻어서 30분 정도 물에 불린 뒤 물기를 충분히 빼요.

2. 소고기를 찬물에 5분 정도 담가 핏물을 제거해요.

3. 무를 깨끗하게 씻어서 껍질을 벗기고 분량대로 준비해요.

4. 소고기와 무를 뜨거운 물에 삶아요.

5. 삶은 소고기를 작게 썰어서 절구를 이용해 으깨요.

6. 쌀과 무, 물 1/3을 믹서에 넣고 곱게 갈아요.

7. 냄비에 6과 소고기, 나머지 물을 부어요.

8. 센 불에서 저어 가며 끓이다가 끓어오르면 불을 줄이고 쌀이 푹 퍼질 때까지 끓여요.

9. 한 끼 먹을 분량으로 나누어 담아 냉장고에 보관해요.

 영양사 맘의 조리팁

소고기와 무를 같이 넣고 삶으면 소고기의 잡내가 잡히면서 무에 고기 맛이 배
좀 더 맛있는 이유식을 만들 수 있어요.

중기
준비기

닭안심 청경채죽

청경채는 세포 기능을 활성화해
감기와 같은 다양한 바이러스로부터
몸을 보호해 줘요.

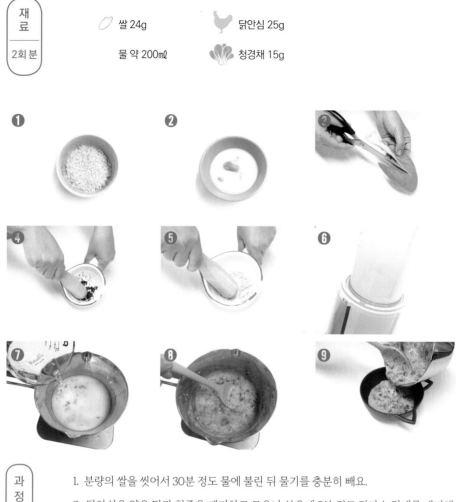

재료	쌀 24g	닭안심 25g
2회분	물 약 200㎖	청경채 15g

과정

1. 분량의 쌀을 씻어서 30분 정도 물에 불린 뒤 물기를 충분히 빼요.

2. 닭안심은 얇은 막과 힘줄을 제거하고 모유나 분유에 5분 정도 담가 누린내를 제거해요.

3. 청경채를 깨끗하게 씻어서 줄기를 잘라 내고 잎 부분만 분량대로 준비해요.

4. 청경채를 끓는 물에 데친 후 절구를 이용해 으깨요

5. 닭안심을 삶아서 작게 썬 뒤 절구를 이용해 으깨요.

6. 쌀과 물 1/3을 믹서에 넣고 곱게 갈아요.

7. 냄비에 6과 닭안심, 청경채를 넣고 나머지 물을 부어요.

8. 센 불에서 저어 가며 끓이다가 끓어오르면 불을 줄이고 쌀이 푹 퍼질 때까지 끓여요.

9. 한 끼 먹을 분량으로 나누어 담아 냉장고에 보관해요.

 영양사 맘의 조리팁

잎채소를 분량대로 넣을 경우 쓴맛이 강해 맛에 민감한 아기는 이유식을 거부할 수 있어요.
이럴 땐 기본 레시피보다 채소를 적게 넣는 게 좋아요.

달걀 애호박죽

완전식품이라고 불리는 달걀은
중기에는 노른자를 사용하고 노른자에 비해
단백질이 풍부한 흰자는 돌 이후부터 사용해요.

재료		
2회분	쌀 24g	달걀노른자 25g
	물 약 200㎖	애호박 30g

과정

1. 분량의 쌀을 씻어서 30분 정도 물에 불린 뒤 물기를 충분히 빼요.

2. 달걀의 노른자를 분리해요.

3. 애호박은 깨끗하게 씻어서 껍질을 벗기고 분량대로 준비해요.

4. 애호박을 찜기에 넣고 쪄요.

5. 쌀과 애호박, 물 1/3을 믹서에 넣고 곱게 갈아요.

6. 냄비에 5를 넣고 나머지 물을 부어요.

7. 센 불에서 저어 가며 끓이다가 끓어오르면 불을 줄이고 달걀노른자를 풀어요.

8. 쌀이 푹 퍼질 때까지 끓여요.

9. 한 끼 먹을 분량으로 나누어 담아 냉장고에 보관해요.

 영양사 맘의 조리팁

달걀노른자를 풀어서 사용하면 묽었던 이유식의 농도가 맞춰지면서 맛이 부드러워져요.

대구살 양배추 사과죽

대구살은 이유식에 많이 사용되는 재료 중 하나예요.
열량이 적고 단백질 함량이 높아요.

재료 2회분	쌀 24g	대구살 30g	사과 15g
	물 약 200㎖	양배추 15g	

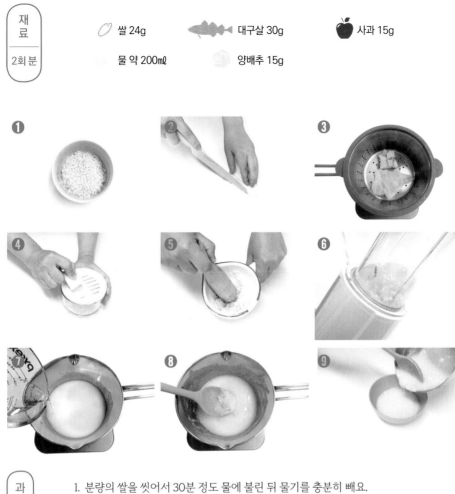

과정

1. 분량의 쌀을 씻어서 30분 정도 물에 불린 뒤 물기를 충분히 빼요.

2. 대구살을 깨끗하게 씻고 양배추는 심을 제거하고 잎 부분만 분량대로 준비해요.

3. 대구살과 양배추를 찜기에 넣고 쪄요.

4. 사과는 씨를 제거하고 껍질을 벗겨 분량만큼 준비해 강판에 갈아요.

5. 찐 대구살을 절구를 이용해 으깨요.

6. 쌀과 양배추, 물 1/3을 믹서에 넣고 곱게 갈아요.

7. 냄비에 6과 대구살을 넣고 나머지 물을 부어요.

8. 센 불에서 저어 가며 끓이다가 끓어오르면 불을 줄이고 쌀이 푹 퍼질 때까지 끓이다가
   마무리될 때쯤 갈아놓은 사과를 넣고 살짝 끓여요.

9. 한 끼 먹을 분량으로 나누어 담아 냉장고에 보관해요.

 영양사 맘의 조리팁

사과에는 식물의 노화를 촉진하는 에틸렌이라는 성분이 함유돼 있어
다른 과일이나 채소와 분리해서 보관하는 것이 좋아요.

연두부 브로콜리 배죽

중기
준비기

연두부는 장염을 예방하고 소화에 도움이 돼요.

쌀 24g　　　　연두부 25g　　　　배 20g

물 약 200㎖　　브로콜리 10g

과
정

1. 분량의 쌀을 씻어서 30분 정도 물에 불린 뒤 물기를 충분히 빼요.

2. 브로콜리를 깨끗하게 씻어서 기둥을 제거하고 송이 부분만 분량대로 준비해요.

3. 브로콜리를 데친 후 절구를 이용해 으깨요.

4. 배는 가운데 씨를 제거하고 껍질을 벗겨 분량만큼 강판에 갈아요.

5. 연두부를 뜨거운 물에 데친 뒤 으깨요.

6. 쌀과 물 1/3을 믹서에 넣고 곱게 갈아요.

7. 냄비에 6과 브로콜리, 연두부를 넣고 나머지 물을 부어요.

8. 센 불에서 저어 가며 끓이다가 끓어오르면 불을 줄이고 쌀이 푹 퍼질 때까지 끓여요.

9. 마무리될 때쯤 갈아 놓은 배를 넣고 살짝 끓인 뒤 한 끼 먹을 분량으로 나누어 담아
   냉장고에 보관해요.

영양사 맘의 조리팁

이유식에 두부를 사용할 때는 부드럽고 소화가 잘되는 연두부로 시작하는 게 좋아요.

소고기 애호박 당근죽

애호박은 비타민 A, C가 풍부해
면역력 향상에 도움이 되고
함유된 당분은 소화 흡수가 잘돼요.

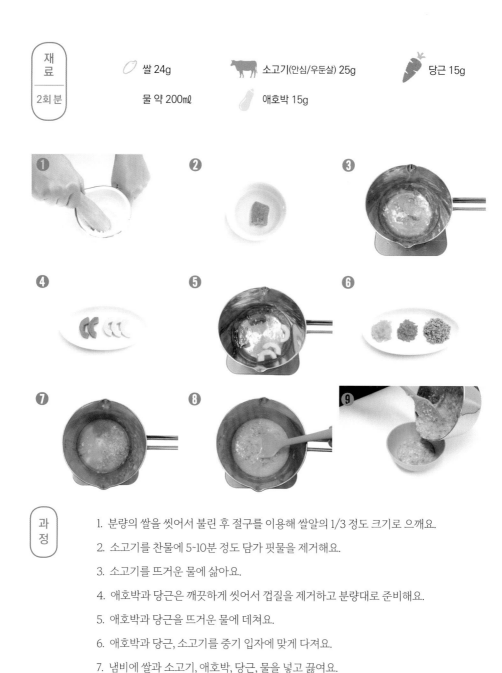

재료 2회분

- 🥚 쌀 24g
- 🐄 소고기(안심/우둔살) 25g
- 🥕 당근 15g
- 물 약 200㎖
- 🥒 애호박 15g

과정

1. 분량의 쌀을 씻어서 불린 후 절구를 이용해 쌀알의 1/3 정도 크기로 으깨요.

2. 소고기를 찬물에 5~10분 정도 담가 핏물을 제거해요.

3. 소고기를 뜨거운 물에 삶아요.

4. 애호박과 당근은 깨끗하게 씻어서 껍질을 제거하고 분량대로 준비해요.

5. 애호박과 당근을 뜨거운 물에 데쳐요.

6. 애호박과 당근, 소고기를 중기 입자에 맞게 다져요.

7. 냄비에 쌀과 소고기, 애호박, 당근, 물을 넣고 끓여요.

8. 끓어오르기 시작하면 불을 줄이고 쌀이 푹 퍼질 때까지 끓여요.

9. 한 끼 먹을 분량으로 나누어 담아 냉장고에 보관해요.

 영양사 맘의 조리팁

중기에 사용하는 애호박의 씨는 아기의 알레르기 반응에 따라 제거 여부를 결정해요.
애호박 씨에는 두뇌 발달에 좋은 레시틴 성분이 풍부해요.

소고기 콜리플라워 무죽

콜리플라워는 100g만 섭취해도 비타민 C 하루 권장량이 충족되고
식이섬유가 많아 장 속 노폐물 배출에 도움이 돼요.

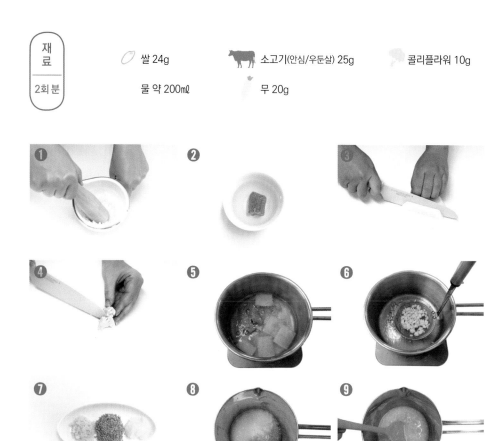

재료

2회분

🌾 쌀 24g　　🐄 소고기(안심/우둔살) 25g　　🥦 콜리플라워 10g

물 약 200㎖　　무 20g

과정

1. 분량의 쌀을 씻어서 불린 후 절구를 이용해 쌀알의 1/3 정도 크기로 으깨요.

2. 소고기를 찬물에 5-10분 정도 담가 핏물을 제거해요.

3. 무를 깨끗하게 씻어서 껍질을 벗기고 분량대로 준비해요.

4. 콜리플라워를 깨끗하게 씻어서 기둥을 제거하고 송이 부분만 분량대로 준비해요.

5. 소고기와 무를 뜨거운 물에 삶아요.

6. 콜리플라워를 뜨거운 물에 데쳐요.

7. 삶은 소고기와 무, 데친 콜리플라워를 중기 입자에 맞게 다져요.

8. 냄비에 쌀과 소고기, 무, 콜리플라워, 물을 넣고 끓여요.

9. 끓어오르기 시작하면 불을 줄이고 쌀이 푹 퍼질 때까지 끓인 뒤
   한 끼 먹을 분량으로 나누어 담아 냉장고에 보관해요.

 영양사 맘의 조리팁

소고기와 무를 삶은 물을 육수로 사용할 수 있어요.

소고기 시금치죽

시금치에 들어있는 엽산은 아미노산 대사 및 합성에
필수적인 요소로 소고기와 함께 섭취 시
뇌와 신경계를 발달시켜요.

재료				
2회분	🥚 쌀 24g		🐄 소고기(안심/우둔살) 25g	
	💧 물 약 200㎖		🌿 시금치 15g	

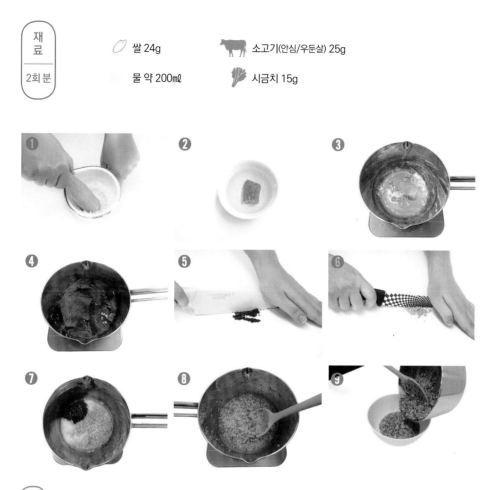

과정

1. 분량의 쌀을 씻어서 불린 후 절구를 이용해 쌀알의 1/3 정도 크기로 으깨요.

2. 소고기를 찬물에 5~10분 정도 담가 핏물을 제거해요.

3. 소고기를 뜨거운 물에 삶아요.

4. 시금치를 깨끗하게 씻어서 줄기를 제거하고 잎 부분만 분량대로 준비한 뒤 뜨거운 물에 데쳐요.

5. 데친 시금치를 잘게 다져요.

6. 삶은 소고기를 중기 입자에 맞게 다져요.

7. 냄비에 쌀과 소고기, 시금치, 물을 넣고 끓여요.

8. 끓어오르기 시작하면 불을 줄이고 쌀이 푹 퍼질 때까지 끓여요.

9. 한 끼 먹을 분량으로 나누어 담아 냉장고에 보관해요.

 영양사 맘의 조리팁

시금치에 함유된 질산염이 철분의 흡수를 방해하므로 시금치는 음식으로
철분을 섭취할 수 있는 6개월 이후부터 사용하는 게 좋아요.

닭안심 감자 비트죽

비트는 철분과 비타민 C가 풍부해
두뇌 발달에 좋아요. 닭고기와 함께 섭취하면
부족한 필수 아미노산을 보충할 수 있어요.

재료
2회분

🥚 쌀 24g   🐔 닭안심 25g   🟣 비트 5g

물 약 200㎖   🥔 감자 25g

① ② ③ ④ ⑤ ⑥ ⑦ ⑧ ⑨

과정

1. 분량의 쌀을 씻어서 불린 후 절구를 이용해 쌀알의 1/3 정도 크기로 으깨요.

2. 닭안심은 얇은 막과 힘줄을 제거한 후 모유나 분유에 5분 정도 담가 누린내를 제거해요.

3. 감자와 비트를 깨끗이 씻어서 껍질을 벗기고 분량대로 준비해요.

4. 감자를 쪄서 으깨요.

5. 비트를 잘게 다져서 뜨거운 물에 데쳐요.

6. 닭안심을 뜨거운 물에 삶은 뒤 중기 입자에 맞게 다져요.

7. 냄비에 쌀과 닭안심, 감자, 비트, 물을 넣고 끓여요.

8. 끓어오르기 시작하면 불을 줄이고 쌀이 푹 퍼질 때까지 끓여요.

9. 한 끼 먹을 분량으로 나누어 담아 냉장고에 보관해요.

 영양사 맘의 조리팁

비트를 데치는 시간에 따라 완성된 이유식의 색깔이 달라져요.

비트 색이 생각보다 진하게 올라오므로 데쳐서 어느 정도 색을 뺀 뒤 만들어야 너무 진하게 않게 만들 수 있어요.

닭안심 찹쌀 대추 무죽

대추는 따뜻한 성질이 있어 몸을 따뜻하게 유지해주고
감기 증상을 완화하는 데 도움이 돼요.

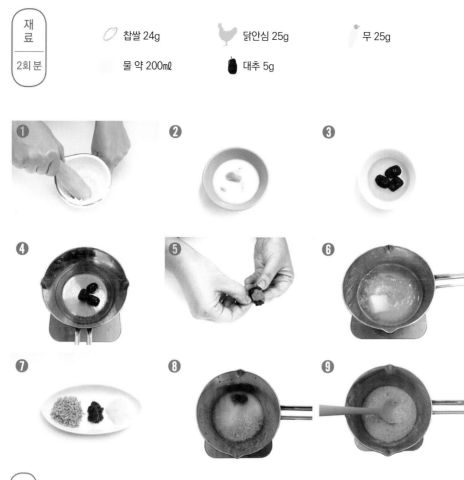

찹쌀 24g

닭안심 25g

무 25g

물 약 200㎖

대추 5g

과정

1. 분량의 찹쌀을 씻어서 불린 후 절구를 이용해 쌀알의 1/3 정도 크기로 으깨요.

2. 닭안심은 얇은 막과 힘줄을 제거한 후 모유나 분유에 5분 정도 담가 누린내를 제거해요.

3. 대추를 물에 담가서 불려요.

4. 불린 대추를 뜨거운 물에 삶아요.

5. 삶은 대추의 껍질을 벗기고 씨를 제거해 분량대로 준비해요.

6. 닭안심과 무를 뜨거운 물에 삶아요.

7. 삶은 닭안심과 무, 대추를 중기 입자에 맞게 다져요.

8. 냄비에 찹쌀과 닭안심, 무, 대추, 물을 넣고 끓여요.

9. 끓어오르기 시작하면 불을 줄이고 찹쌀이 푹 퍼질 때까지 끓인 뒤
   한 끼 먹을 분량으로 나누어 담아 냉장고에 보관해요.

 영양사 맘의 조리팁

보통 우유에 담가 닭의 누린내를 제거하지만 돌 전에는 우유를 제한하므로 분유나 모유를 사용해요.

닭안심 단호박 새송이버섯죽

새송이버섯은 칼슘과 비타민 D가 풍부해
뼈를 튼튼하게 해 줘요.

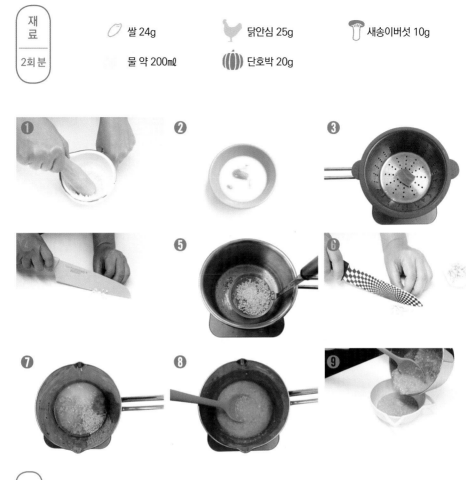

| 재료 | 쌀 24g | 닭안심 25g | 새송이버섯 10g |
| 2회분 | 물 약 200㎖ | 단호박 20g | |

과정

1. 분량의 쌀을 씻어서 불린 후 절구를 이용해 쌀알의 1/3 정도 크기로 으깨요.

2. 닭안심은 얇은 막과 힘줄을 제거하고 모유나 분유에 5분 정도 담가 누린내를 제거해요.

3. 단호박의 껍질을 벗겨 분량대로 준비한 뒤 쪄서 으깨요.

4. 새송이버섯을 깨끗하게 씻어서 중기 입자에 맞게 다져요.

5. 다진 새송이버섯을 뜨거운 물에 데쳐요.

6. 닭안심을 뜨거운 물에 삶은 뒤 중기 입자에 맞게 다져요.

7. 냄비에 쌀과 닭안심, 단호박, 새송이버섯, 물을 넣고 끓여요.

8. 끓어오르기 시작하면 불을 줄이고 쌀이 푹 퍼질 때까지 끓여요.

9. 한 끼 먹을 분량으로 나누어 담아 냉장고에 보관해요.

 영양사 맘의 조리팁

새송이버섯은 다른 버섯에 비해 수분 함량이 적어 저장 기간이 길다는 장점이 있어요.

달걀 양배추 브로콜리죽

양배추는 위를 편안하게 하고
익혔을 때 단맛이 나
아기가 거부감 없이 잘 먹어요.

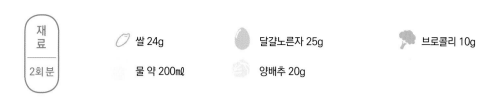

재료
────
2회분

쌀 24g 달걀노른자 25g 브로콜리 10g

물 약 200㎖ 양배추 20g

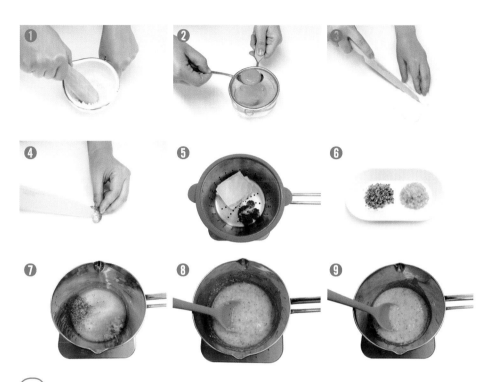

과
정

1. 분량의 쌀을 씻어서 불린 후 절구를 이용해 쌀알의 1/3 정도 크기로 으깨요.

2. 달걀의 노른자를 분리해서 분량대로 준비해요.

3. 양배추를 깨끗하게 씻어서 심을 제거하고 잎 부분만 분량대로 준비해요.

4. 브로콜리를 깨끗하게 씻어서 기둥을 제거하고 송이 부분만 분량대로 준비해요.

5. 양배추와 브로콜리를 찜기에 넣고 쪄요.

6. 찐 양배추와 브로콜리를 중기 입자에 맞게 다져요.

7. 냄비에 쌀과 양배추, 브로콜리, 물을 넣고 끓여요.

8. 센 불에서 저어 가며 끓이다가 끓어오르면 불을 줄이고 달걀노른자를 풀어요.

9. 쌀이 푹 퍼질 때까지 끓인 뒤 한 끼 먹을 분량으로 나누어 담아 냉장고에 보관해요.

 영양사 맘의 조리팁

중기 이유식 중량인 달걀노른자 25g은 왕란의 노른자 한 개 정도예요.

중기
적응기

달걀 배추 당근죽

당근에 풍부하게 들어있는 카로틴은
체내 세포가 손상되는 것을 막고
세포를 보호하는 역할을 해요.

쌀 24g

 달걀노른자 25g

 당근 10g

물 약 200㎖

 배추 20g

과
정

1. 분량의 쌀을 씻어서 불린 후 절구를 이용해 쌀알의 1/3 정도 크기로 으깨요.

2. 달걀의 노른자를 분리해요.

3. 배추를 깨끗하게 씻어서 잎 부분만 분량대로 준비해요.

4. 당근을 깨끗하게 씻어서 껍질을 벗기고 분량대로 준비해요.

5. 배추와 당근을 뜨거운 물에 데쳐요.

6. 찐 배추와 당근을 중기 입자에 맞게 다져요.

7. 냄비에 쌀과 배추, 당근, 물을 넣고 끓여요.

8. 센 불에서 저어 가며 끓이다가 끓어오르면 불을 줄이고 달걀노른자를 풀어요.

9. 쌀이 푹 퍼질 때까지 끓인 뒤 한 끼 먹을 분량으로 나누어 담아 냉장고에 보관해요.

 영양사 맘의 조리팁

배추를 중기에 사용할 때는 딱딱한 줄기보다 잎 부분을 사용해요.

달걀 표고버섯 무죽

달걀은 칼슘의 흡수를 돕는 비타민 D가 함유돼 있어
우유나 멸치 등 칼슘이 풍부한 음식과
함께 섭취하면 좋아요.

재료 2회분	쌀 24g	달걀노른자 25g	무 20g
	물 약 200㎖	표고버섯 10g	

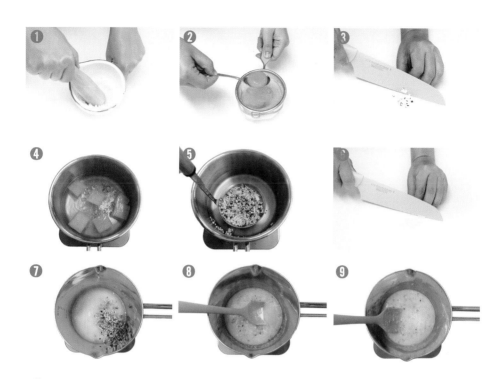

과정

1. 분량의 쌀을 씻어서 불린 후 절구를 이용해 쌀알의 1/3 정도 크기로 으깨요.

2. 달걀의 노른자를 분리해요.

3. 표고버섯을 깨끗하게 씻어서 분량대로 준비하고 중기 입자에 맞게 다져요.

4. 무를 깨끗하게 씻어서 껍질을 벗기고 분량대로 준비해 뜨거운 물에 삶아요.

5. 다진 표고버섯을 뜨거운 물에 데쳐요.

6. 삶은 무를 중기 입자에 맞게 다져요.

7. 냄비에 쌀과 표고버섯, 무, 물을 넣고 끓여요.

8. 센 불에서 저어 가며 끓이다가 끓어오르면 불을 줄이고 달걀노른자를 풀어요.

9. 쌀이 푹 퍼질 때까지 끓인 뒤 한 끼 먹을 분량으로 나누어 담아 냉장고에 보관해요.

 영양사 맘의 조리팁

표고버섯은 데친 후 다지면 미끈거려서 손질하기 어려우므로 다진 후 데치는 것이 더 편해요.

대구살 완두콩 양배추 애호박죽

완두콩에 함유된 비타민 B1과 오메가 3가
두뇌 활동을 촉진해요.

재료
2회분

쌀 24g   대구살 20g   양배추 15g

물 약 200㎖   완두콩 5g   애호박 15g

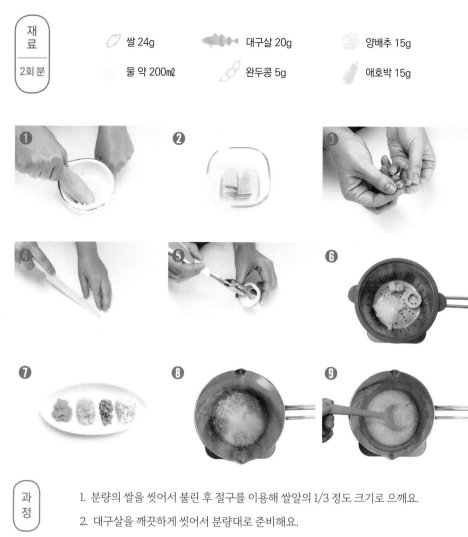

과정

1. 분량의 쌀을 씻어서 불린 후 절구를 이용해 쌀알의 1/3 정도 크기로 으깨요.

2. 대구살을 깨끗하게 씻어서 분량대로 준비해요.

3. 완두콩을 깨끗하게 씻어서 30분 정도 삶아 껍질을 벗겨요.

4. 양배추를 깨끗하게 씻어서 줄기를 제거하고 잎 부분만 분량대로 준비해요.

5. 애호박을 깨끗하게 씻어서 씨를 제거하고 분량대로 준비해요.

6. 대구살, 양배추, 애호박을 찜기에 넣고 쪄요.

7. 익힌 완두콩과 대구살, 양배추, 애호박을 중기 입자에 맞게 다져요.

8. 냄비에 쌀과 대구살, 완두콩, 양배추, 애호박, 물을 넣고 끓여요.

9. 끓어오르기 시작하면 불을 줄이고 쌀이 푹 퍼질 때까지 끓인 뒤

   한 끼 먹을 분량으로 나누어 담아 냉장고에 보관해요.

 영양사 맘의 조리팁

중기에 사용하는 생선은 주로 흰살생선을 사용하는데 이때 뼈를 잘 제거해야 해요.
중량에 따라 소분해서 판매하는 생선 살을 구입해도 좋아요.

대구살 파프리카 사과죽

파프리카는 항산화제인 루테인과
제아잔틴을 다량 함유하고 있어
눈 건강에 좋아요.

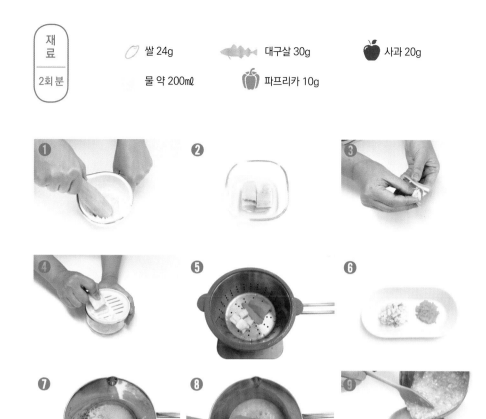

<table>
<tr><td rowspan="2">재
료

2회 분</td><td>🌰 쌀 24g</td><td>🐟 대구살 30g</td><td>🍎 사과 20g</td></tr>
<tr><td>물 약 200㎖</td><td>🫑 파프리카 10g</td><td></td></tr>
</table>

과
정

1. 분량의 쌀을 씻어서 불린 후 절구를 이용해 쌀알의 1/3 정도 크기로 으깨요.

2. 대구살을 깨끗하게 씻어서 분량대로 준비해요.

3. 파프리카를 깨끗하게 씻어서 씨를 제거하고 껍질을 벗겨 분량대로 준비해요.

4. 사과는 씨를 제거하고 껍질을 벗겨 분량대로 준비하고 강판에 갈아요.

5. 대구살과 파프리카를 찜기에 넣고 쪄요.

6. 찐 대구살과 파프리카를 중기 입자에 맞게 다져요.

7. 냄비에 쌀과 대구살, 파프리카, 물을 넣고 센 불에서 끓여요.

8. 끓어오르기 시작하면 불을 줄이고 쌀이 푹 퍼질 때까지 끓이다가 마무리될 때쯤 갈아놓은 사과를 넣고 살짝 끓여요.

9. 한 끼 먹을 분량으로 나누어 담아 냉장고에 보관해요.

 영양사 맘의 조리팁

파프리카에 약간 매운맛이 있다고 생각해 이유식에 잘 사용하지 않는 경향이 있는데 단맛이 나는 재료예요.
중기에는 껍질을 벗겨서 사용해야 식감이 부드러워요.

중기
적응기

대구살 비타민 양송이버섯죽

비타민(다채)은 비타민 A 성분인 카로틴이
시금치의 2배로 특히 눈 건강에 좋아요.

재료 2회분

쌀 24g   대구살 30g   양송이버섯 20g

물 약 200㎖   비타민10g

과정

1. 분량의 쌀을 씻어서 불린 후 절구를 이용해 쌀알의 1/3 정도 크기로 으깨요.

2. 대구살을 깨끗하게 씻어서 분량대로 준비해요.

3. 비타민을 깨끗하게 씻어서 줄기를 잘라 잎 부분만 분량대로 준비하고 뜨거운 물에 데쳐요.

4. 양송이버섯을 깨끗하게 씻어서 기둥을 제거하고 갓 부분의 껍질을 벗겨 분량대로 준비해요.

5. 양송이버섯을 중기 입자에 맞게 다져서 뜨거운 물에 데쳐요.

6. 대구살을 쪄서 중기 입자에 맞게 다져요.

7. 데친 비타민을 중기 입자에 맞게 다져요.

8. 냄비에 쌀과 대구살, 비타민, 양송이버섯, 물을 넣고 센 불에서 끓여요.

9. 끓어오르기 시작하면 불을 줄이고 쌀이 푹 퍼질 때까지 끓인 뒤

   한 끼 먹을 분량으로 나누어 담아 냉장고에 보관해요.

 영양사 맘의 조리팁

중기까지는 양송이버섯의 껍질을 벗겨서 사용해야 식감이 부드러워요.

연두부 애호박 적채죽

적채는 칼슘 함량이 높아 골격 형성에 도움이 돼요.
붉은색의 안토시아닌 성분은 항산화 효과가 있어요.

	쌀 24g	연두부 30g	적채 10g
재료			
2회분	물 약 200㎖	애호박 20g	

과정

1. 분량의 쌀을 씻어서 불린 후 절구를 이용해 쌀알의 1/3 정도 크기로 으깨요.

2. 연두부를 뜨거운 물에 데쳐요.

3. 애호박을 깨끗하게 씻어서 껍질을 벗기고 씨를 제거한 후 분량대로 준비해요.

4. 적채를 깨끗하게 씻어서 줄기를 제거하고 잎 부분만 분량대로 준비해요.

5. 애호박과 적채를 쪄서 중기 입자에 맞게 다져요.

6. 데친 연두부를 으깨요.

7. 냄비에 쌀과 연두부, 호박, 적채, 물을 넣고 끓여요.

8. 끓어오르기 시작하면 불을 줄이고 쌀이 푹 퍼질 때까지 끓여요.

9. 한 끼 먹을 분량으로 나누어 담아 냉장고에 보관해요.

영양사 맘의 조리팁

적채는 일반 양배추보다 조직이 단단하고 질겨 양배추보다 삶는 시간을 늘리는 게 좋아요.

연두부 고구마 당근죽

당근은 녹황색 채소 중 베타카로틴의 함량이
가장 높아요. 베타카로틴은 체내에 흡수되면
비타민 A로 전환돼 눈 건강에 좋아요.

재
료

2회분

 쌀 24g   연두부 30g   당근 10g

물 약 200㎖   고구마 20g

과
정

1. 분량의 쌀을 씻어서 불린 후 절구를 이용해 쌀알의 1/3 정도 크기로 으깨요.

2. 연두부를 뜨거운 물에 데쳐요.

3. 고구마는 껍질을 벗기고 분량대로 준비해요.

4. 당근을 깨끗하게 씻어서 껍질을 벗기고 심을 제거한 후 분량대로 준비해요.

5. 고구마와 당근을 찜기에 넣고 쪄요.

6. 찐 고구마, 데친 연두부를 으깨요.

7. 찐 당근을 중기 입자에 맞게 다져요.

8. 냄비에 쌀과 연두부, 고구마, 당근, 물을 넣고 센 불에서 끓여요.

9. 끓어오르기 시작하면 불을 줄이고 쌀이 푹 퍼질 때까지 끓인 뒤
   한 끼 먹을 분량으로 나누어 담아 냉장고에 보관해요.

 영양사 맘의 조리팁

당근은 비타민 C를 산화시키는 아스코르비나아제라는 성분이 있어
비타민 C가 많은 채소와 함께 섭취하면 비타민 C의 흡수를 방해할 수 있어요.

연두부 청경채 배죽

배는 루테올린이라는 성분이 풍부해
기침, 기관지염, 천식 등 호흡기 질환 예방에
효과가 있어요.

재료
2회분

쌀 24g   연두부 30g   배 20g

물 약 200㎖   청경채 10g

과정

1. 분량의 쌀을 씻어서 불린 후 절구를 이용해 쌀알의 1/3 정도 크기로 으깨요.

2. 연두부를 뜨거운 물에 데쳐요.

3. 청경채를 깨끗하게 씻어서 줄기를 잘라 내고 잎 부분만 분량대로 준비해서 뜨거운 물에 데쳐요.

4. 배는 가운데 씨를 제거하고 껍질을 벗겨 분량대로 준비해 강판에 갈아요.

5. 데친 연두부를 으깨요.

6. 데친 청경채를 중기 입자에 맞게 다져요.

7. 냄비에 쌀과 연두부, 청경채, 물을 넣고 센 불에서 끓여요.

8. 끓어오르기 시작하면 불을 줄이고 쌀이 푹 퍼질 때까지 끓이다가 마무리될 때쯤
   갈아놓은 배를 넣고 살짝 끓여요.

9. 한 끼 먹을 분량으로 나누어 담아 냉장고에 보관해요.

 영양사 맘의 조리팁

사용하고 남은 배는 갈아서 냉동실에 보관한 뒤 고기 재울 때 사용하면 좋아요.

PART III

후기 이유식

10~11개월

후기 이유식은 식재료를 본격적으로 경험하는 단계로 되직하면서도 입자감이 조금 더 느껴지는 '무른밥'으로 표현합니다.

저작 연습과 더불어 숟가락을 가지고 스스로 먹는 연습을 할 수 있도록 도와주세요. 먹을 양만 생각해 계속 먹여주기만 하면 유아식 시기에 스스로 먹지 못할 수 있어요. 때가 되면 다 한다는 이야기가 있지만 숟가락 사용은 연습이 꼭 필요합니다. 또한 이 시기에 저작 연습이 제대로 이루어지지 않으면 입자가 더 커졌을 때 씹지 못하고 입에 물고 있거나 뱉으려 할 수 있어요. 후기부터는 이유식이 주식이 되어가는 만큼 식사 때에 맞춰 하루 세 번 먹이고 수유 양은 점차 줄여나갑니다.

후기 이유식 가이드

후기 단계는 10~11개월이며 준비기와 적응기로 나눕니다.

준비기를 약 2주 정도 진행한 뒤 아기가 적응을 잘하면 적응기로 넘어갑니다.

아기 상태에 따라 준비기가 더 필요한 경우 기간을 늘려 진행합니다.

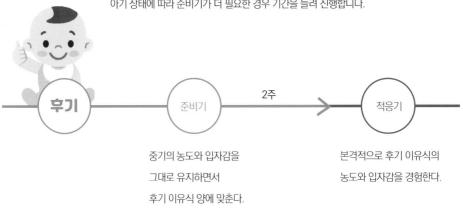

후기 ───── 준비기 ──2주──▶ 적응기

중기의 농도와 입자감을
그대로 유지하면서
후기 이유식 양에 맞춘다.

본격적으로 후기 이유식의
농도와 입자감을 경험한다.

---

1. 이유식 횟수

1일 3회

2. 이유식 섭취량

후기 이유식 레시피 양으로 만든 이유식을 하루에 3번 정도 나눠서 준다.

3. 수유 섭취량

약 420㎖를 하루에 나눠서 준다.

본격적으로 한 끼 양을 찾는 시기로 이유식을 먹인 뒤 이어서 수유를 할지는

아기가 한 번에 먹는 이유식 양을 고려해 결정한다.(p. 244 이유식 Q10 참고)

4. 입자 크기

준비기는 약 0.3cm, 적응기는 약 0.5cm 크기로 손질한다.

준비기 　　　 적응기 　　　 준비기 　　　 적응기

5. 후기 식단표

1일	2일	3일	4일	5일	6일
소고기 연근 양파 단호박무른밥 *p.132* 연두부 애호박 당근무른밥 닭안심 적채 새송이버섯무른밥			닭안심 브로콜리 양배추 바나나무른밥 *p.134* 소고기 비트 양송이무른밥 대구살 시금치 양파무른밥		
7일	**8일**	**9일**	**10일**	**11일**	**12일**
달걀 파프리카 무 애호박무른밥 *p.136* 소고기 비타민 양배추무른밥 닭안심 고구마 사과무른밥			두부 배추 팽이버섯 콜리플라워무른밥 *p.138* 소고기 표고버섯 시금치무른밥 닭안심 적채 양파무른밥		
13일	**14일**	**15일**	**16일**	**17일**	**18일**
대구살 시금치 당근 사과무른밥 *p.140* 소고기 브로콜리 양파무른밥 달걀 오이 양배추 애호박무른밥			두부 채소무른밥 대구살 완두콩 감자 당근무른밥 소고기 단호박 버섯무른밥		

1일	2일	3일	4일	5일	6일
소고기 가지 양파무른밥 *p.142* 두부 소고기 아욱 당근 배무른밥 *p.160* 닭안심 양배추 버섯무른밥			닭안심 고구마 당근 양파무른밥 *p.148* 소고기 비트 콩나물 오이무른밥 *p.144* 대구살 브로콜리 숙주 감자무른밥 *p.166*		
7일	**8일**	**9일**	**10일**	**11일**	**12일**
닭안심 청경채 무 감자무른밥 *p.150* 소고기 애호박 아욱 양파무른밥 새우살 채소무른밥			소고기 미역 버섯볶은무른밥 *p.146* 달걀 가지 무 양배추무른밥 두부 단호박 가지 양송이버섯무른밥 *p.162*		
13일	**14일**	**15일**	**16일**	**17일**	**18일**
달걀 애호박 무 콜리플라워볶은무른밥 *p.158* 동태살 청경채 비트 양파무른밥 *p.168* 소고기 숙주 양배추 당근무른밥			닭안심 양배추 애호박 구기자볶은무른밥 *p.152* 소고기 감자 시금치무른밥 두부 소고기 양파 브로콜리무른밥		
19일	**20일**	**21일**	**22일**	**23일**	**24일**
두부 적채 파프리카 사과볶은무른밥 *p.164* 닭안심 연근 애호박 양파무른밥 소고기 단호박 채소무른밥			닭안심 비트 양파 오이무른밥 달걀 소고기 배추 당근 표고버섯무른밥 *p.156* 동태살 채소 배무른밥		
25일	**26일**	**27일**	**28일**	**29일**	**30일**
닭안심 완두콩 비타민 감자무른밥 가자미살 당근 옥수수 배추볶은무른밥 *p.170* 소고기 적채 새송이버섯 배무른밥			달걀 시금치 오이 양파무른밥 *p.154* 소고기 콜리플라워 애호박무른밥 대구살 고구마 파프리카무른밥		

6. 후기 팁

◎ **스푼 피딩 이유식 VS 아기 주도 이유식**

이유식에 대한 엄마들의 다양한 고민 중의 하나는 아기 주도 이유식에 관한 것입니다. 하는 게 좋을지, 한다면 언제부터 해야 할지, 막상 시작했는데 아기가 잘 먹지 않으면 어떻게 해야 할지 등.

요즘은 이유식 초기부터 아기 주도 이유식을 선택하는 분들도 많습니다. 6개월부터 이유식을 시작할 경우 재료를 핑거 푸드 형태로 찌거나 삶아서 아기가 손으로 집어 입으로 물고 빨며 음식을 탐구할 수 있게 도와주고, 점차 재료의 크기를 작게 해 입안에서 으깨고 씹는 것을 연습할 수 있게 합니다.

두 가지 모두 장단점이 있으니 아기의 상황에 따라 두 가지를 병행해도 좋습니다.

	스푼 피딩 이유식	아기 주도 이유식
장점	• 아기에게 필요한 영양을 충분히 섭취하게 할 수 있다. • 실식 위험이 석나.	• 식품 본연의 맛을 느낄 수 있어 식재료에 대한 거부감이 석나. • 손으로 음식을 만지므로 소근육 발달에 도움이 된다. • 아기의 자존감이 높아진다.
단점	• 재료가 섞여 있어서 재료 본연의 맛을 느끼기 어렵고 재료 자체에 거부감이 생길 수 있다. • 아기 스스로 먹는 양을 조절하지 못해 비만이 될 확률이 있다.	• 도구 사용이 늦어질 수 있다. • 아기가 스스로 먹는 양을 조절할 수 있어서 오히려 먹는 양이 적어지거나 편식이 생길 수 있다.

영양사 맘은 중기까지는 스푼 피딩, 후기부터는 아기 주도형, 두 가지를 병행했어요. 중기 이유식은 핑거푸드에 적당한 질감이 아니므로 아기 주도형 이유식은 후기부터 시작하길 권합니다. 그렇다고 반드시 후기부터 해야 하는 것은 아니니 중기부터 두 가지를 병행해도 좋습니다.

단 이것만은 꼭 지켜 주세요.

첫째, 두 가지 방식 모두 아기가 스스로 먹도록 도와주세요.
스푼 피딩은 먹여주고 아기 주도는 스스로 먹는 것이 아니라 스푼 피딩일 때도 아기가 엄마의 손을 잡고 숟가락을 입으로 가지고 가서 스스로 먹는 연습을 할 수 있어야 합니다. 두 가지 모두 아기가 스스로 먹는 능력을 기르는 것이 중요합니다.

둘째, 준비한 양을 다 먹여야 한다는 생각에 억지로 먹이지 마세요.

스푼 피딩으로 할 때 아기가 그만 먹겠다는 표현을 하면 "잘 먹었네"라고 칭찬하고 기분 좋게 마무리합니다. 아기 주도 방식 역시 먹고 남는 이유식이 있어도 끝까지 먹이기 위해 먹여 주지 않도록 주의합니다. 두 가지 방식 모두 아기 스스로 먹을 수 있는 양을 찾도록 도와주는 것이 중요합니다.

후기부터는 스스로 밥을 먹는 연습을 하는 시기입니다. 아기 주도 이유식을 병행하면 다양한 식재료 경험도 쌓고 스스로 먹는 연습도 할 수 있어 일석이조입니다. 어떤 방법이든 좋다고 해서 무조건 따르기보다 아기의 발달 상황이나 성향을 고려해서 선택하는 것이 좋습니다.

◎ **끓이는 이유식 VS 볶는 이유식**

냄비 이유식은 냄비에 모든 재료를 한꺼번에 넣고 끓여서 만들지만 볶는 방법으로도 가능합니다.

	끓이기	볶기
방법	• 불린 쌀과 물, 다진 재료를 한꺼번에 넣고 끓인다.	• 쌀에 분량의 물 1/2 정도를 넣고 끓이듯 볶다가 끓기 시작하면 다진 재료와 나머지 물을 넣고 끓인다. • 중간에 추가하는 물은 뜨거운 물을 넣는다.
장·단점	• 물을 처음에 준비한 양보다 더 넣어야 하는 상황이 생길 수 있다.	• 한꺼번에 넣고 끓이는 것보다 시간이 덜 든다. • 다진 재료의 익은 정도를 확인할 수 있어 조리하기 편하다.

끓이는 방법은 이유식을 만드는 과정에서 중간에 물이나 육수를 추가해야 할 경우가 생길 수 있지만 볶는 방법은 준비한 물이나 육수로 이유식을 완성할 수 있습니다. 개인적으로 볶는 이유식이 맛이 더 좋았습니다. 미역국도 미역과 고기를 볶아서 끓이면 그냥 끓인 것보다 더 맛있거든요. 참기름 사용이 가능한 단계에서는 불린 쌀을 참기름으로 볶다가 끓이면 좀 더 고소한 맛의 이유식을 만들 수 있답니다. 단 이유식에 사용하는 참기름이나 들기름은 식재료 본연의 맛과 어우러질 수 있도록 향이 너무 강하지 않은 것을 선택합니다.

◎ **진밥으로 이유식 만들기 VS 쌀로 이유식 만들기**

후기부터는 쌀이 아닌 밥을 활용해 이유식을 만들 수 있습니다. 여기서 밥이란 일반적인 밥이 아닌 물을 더 넣고 지은 진밥을 가리킵니다. 쌀로 이유식을 만들 때는 쌀 60g에 물이나 육수 400㎖ 정도를 넣고 끓이지만 밥을 활용할 때는 쌀 60g을 물 180㎖에 불려서 진밥을 지은 후 진밥에 물 160㎖를 넣어 이유식을 만들어요. 조리 환경에 따라 물이나 육수의 양이 달라질 수 있으니 직접 해보면서 자신만의 기준을 잡아 보세요.

소고기 연근 양파 단호박무른밥

연근에 들어있는 탄닌 성분은
염증을 가라앉히는 소염 및 지혈 작용을 해요.

재료 3회분		
🥚 쌀 60g	🐄 소고기(안심) 45g	🧅 양파 25g
물 약 400㎖	⚙ 연근 20g	🎃 단호박 25g

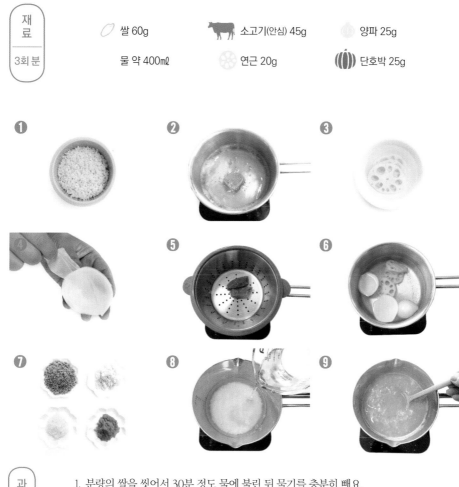

과정

1. 분량의 쌀을 씻어서 30분 정도 물에 불린 뒤 물기를 충분히 빼요.

2. 소고기는 핏물을 빼고 뜨거운 물에 삶아요.

3. 연근을 식초 물에 담가 떫은맛을 없애요.

4. 양파의 껍질을 제거한 뒤 찬물에 잠시 담가 매운맛을 없애요.

5. 단호박의 껍질을 벗겨 찜기에 넣고 쪄요.

6. 양파와 연근을 뜨거운 물에 데쳐요.

7. 양파와 연근, 단호박, 소고기를 중기 입자에 맞게 다져요.

8. 냄비에 쌀과 분량의 물을 넣고 센 불에서 끓여요.

9. 끓어오르기 시작하면 불을 줄이고 7의 재료를 모두 넣고 쌀이 푹 퍼질 때까지
   저어 가며 끓인 뒤 한 끼 먹을 분량으로 나누어 담아 냉장고에 보관해요.

 영양사 맘의 조리팁

연근을 데친 후에 손질하면 점액질 때문에 불편할 수 있어요. 다진 후에 데쳐야 좀 더 편해요.

닭안심 브로콜리 양배추 바나나무른밥

바나나에 들어 있는 칼륨 성분은
몸속의 나트륨을 배출시키는 역할을 해요.
많이 익은 것일수록 칼륨이 풍부해요.

쌀 60g   닭안심 45g   양배추 30g

물 약 400㎖   브로콜리 15g   바나나 25g

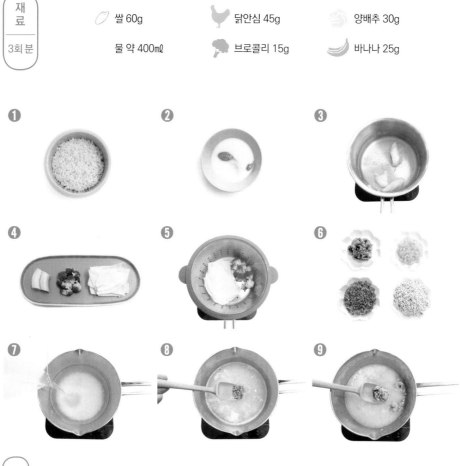

1. 분량의 쌀을 씻어서 30분 정도 물에 불린 뒤 물기를 충분히 빼요.

2. 닭안심은 얇은 막과 힘줄을 제거하고 모유나 분유에 담가 누린내를 제거해요.

3. 닭안심을 뜨거운 물에 삶아요.

4. 브로콜리와 양배추를 깨끗하게 씻어서 분량대로 준비하고 바나나와 함께 적당한 크기로 손질해요.

5. 브로콜리와 양배추를 찜기에 넣고 쪄요.

6. 모든 재료를 중기 입자에 맞게 다져요.

7. 냄비에 쌀과 분량의 물을 넣고 센 불에서 끓여요.

8. 끓어오르기 시작하면 불을 줄이고 바나나를 제외한 모든 재료를 넣고 끓여요.

9. 어느 정도 끓으면 바나나를 넣고 쌀이 푹 퍼질 때까지 저어 가며 끓인 뒤

   한 끼 먹을 분량으로 나누어 담아 냉장고에 보관해요.

 영양사 맘의 조리팁

사용하고 남은 양배추는 실온에 보관하면 영양소 손실이 생길 수 있으니 신문지로 감싸서 냉장고에 보관해요.

달걀 파프리카 무 애호박무른밥

파프리카에 함유된 비타민 C는 딸기의 1.5배, 시금치의 5배에 달해요.
빨간 파프리카는 칼슘과 인, 주황색 파프리카는 철분과 베타카로틴,
노란색 파프리카는 루테인이 풍부해요.

재료 3회분	쌀 60g	달걀노른자 45g	파프리카 20g
	물 약 400㎖	무 25g	애호박 25g

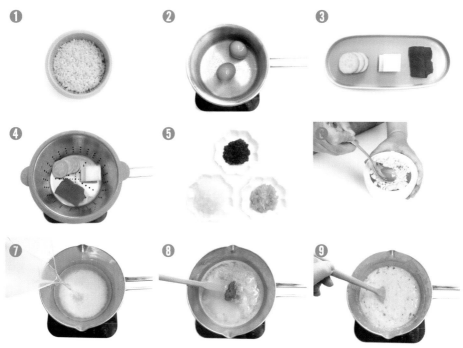

❶ ❷ ❸

❹ ❺

❼ ❽ ❾

과정

1. 분량의 쌀을 씻어서 30분 정도 물에 불린 뒤 물기를 충분히 빼요.

2. 달걀을 삶아서 노른자만 분리해요.

3. 무와 파프리카, 애호박을 깨끗하게 씻어서 껍질을 제거해 분량대로 준비하고
   적당한 크기로 손질해요.

4. 3을 찜기에 넣고 쪄요.

5. 4의 재료를 모두 중기 입자에 맞게 다져요.

6. 삶은 달걀노른자를 체에 곱게 내려요.

7. 냄비에 쌀과 분량의 물을 넣고 센 불에서 끓여요.

8. 끓어오르기 시작하면 불을 줄이고 달걀노른자를 제외한 모든 재료를 넣고 끓여요.

9. 어느 정도 끓으면 달걀노른자를 넣고 쌀이 푹 퍼질 때까지 저어 가며 끓인 뒤
   한 끼 먹을 분량으로 나누어 담아 냉장고에 보관해요.

 영양사 맘의 조리팁

달걀을 중기처럼 풀어서 사용하면 농도가 질어질 수 있어요. 삶아서 넣어야 후기 이유식에 적당한 농도가 돼요.

두부 배추 팽이버섯 콜리플라워무른밥

팽이버섯은 철분과 비타민 B1이 풍부해
기억력과 집중력 발달에 도움이 돼요.

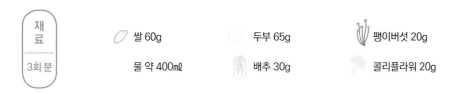

재료

3회분

쌀 60g | 두부 65g | 팽이버섯 20g

물 약 400㎖ | 배추 30g | 콜리플라워 20g

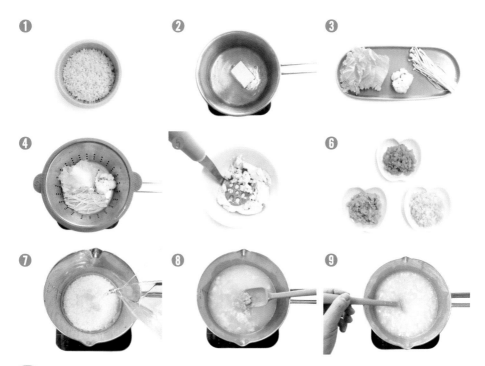

과정

1. 분량의 쌀을 씻어서 30분 정도 물에 불린 뒤 물기를 충분히 빼요.

2. 두부를 깨끗하게 씻어서 뜨거운 물에 데쳐요.

3. 배추와 팽이버섯, 콜리플라워를 깨끗하게 씻어서 분량대로 준비하고 적당한 크기로 손질해요.

4. 3을 모두 찜기에 넣고 쪄요.

5. 데친 두부를 살짝 으깨요.

6. 4에서 찐 재료들을 중기 입자에 맞게 다져요.

7. 냄비에 쌀과 분량의 물을 넣고 센 불에서 끓여요.

8. 끓어오르기 시작하면 불을 줄이고 모든 재료를 넣어요.

9. 쌀이 푹 퍼질 때까지 저어 가며 끓인 뒤 한 끼 먹을 분량으로 나누어 담아 냉장고에 보관해요.

 영양사 맘의 조리팁

후기 이유식에는 팽이버섯의 머리 부분도 넣어 아기의 저작 기능을 발달시켜 주세요.

대구살 시금치 당근 사과무른밥

단맛이 많은 대구는
필수 아미노산은 물론 니아신과
비타민 B1, 비타민 B2, 인이 풍부해요.

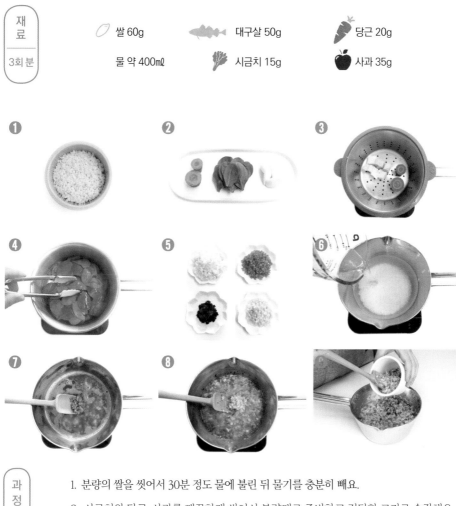

재료 3회분	
쌀 60g	대구살 50g
물 약 400㎖	시금치 15g
	당근 20g
	사과 35g

① ② ③

④ ⑤ ⑥

⑦ ⑧

과정

1. 분량의 쌀을 씻어서 30분 정도 물에 불린 뒤 물기를 충분히 빼요.

2. 시금치와 당근, 사과를 깨끗하게 씻어서 분량대로 준비하고 적당한 크기로 손질해요.

3. 대구살과 당근을 찜기에 넣고 쪄요.

4. 시금치를 뜨거운 물에 데쳐요.

5. 모든 재료를 중기 입자에 맞게 다져요.

6. 냄비에 쌀과 분량의 물을 넣고 센 불에서 끓여요.

7. 끓어오르기 시작하면 불을 줄이고 사과를 제외한 나머지 모든 재료를 넣고 끓여요.

8. 어느 정도 익으면 사과를 넣고 쌀이 푹 퍼질 때까지 저어 가며 끓여요.

9. 한 끼 먹을 분량으로 나누어 담아 냉장고에 보관해요.

 영양사 맘의 조리팁

후기부터는 사과를 강판에 갈지 않고 잘게 다져서 사용해도 좋아요.

소고기 가지 양파무른밥

가지의 식이섬유는 장 건강을,
안토시아닌은 시력 보호에
효과가 있어요.

🫘 쌀 60g   🐄 소고기(안심) 45g   🍆 가지 40g

물 약 400㎖   🧅 양파 30g

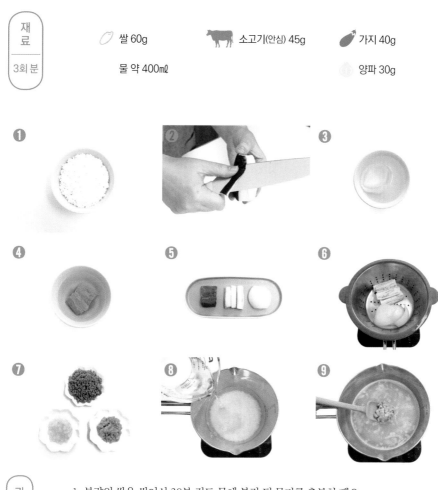

과
정

1. 분량의 쌀을 씻어서 30분 정도 물에 불린 뒤 물기를 충분히 빼요.

2. 가지를 깨끗하게 씻어서 껍질을 제거해요.

3. 양파를 깨끗하게 씻어서 찬물에 담가 둔 뒤 껍질을 제거해요.

4. 소고기를 찬물에 담가 핏물을 제거해요.

5. 가지와 양파, 소고기를 분량대로 준비하고 적당한 크기로 손질해요.

6. 가지와 양파를 찜기에 넣어 찌고 소고기는 뜨거운 물에 삶아요.

7. 재료를 후기 입자에 맞게 다져요.

8. 냄비에 쌀과 분량의 물을 넣고 센 불에서 끓여요.

9. 끓어오르기 시작하면 불을 줄이고 모든 재료를 넣고 쌀이 푹 익을 때까지
저어 가며 끓인 뒤 한 끼 먹을 분량으로 나누어 담아 냉장고에 보관해요.

 영양사 맘의 조리팁

가지의 껍질은 소화에 부담을 주고 씨는 알레르기를 일으킬 수 있으니 처음 시도할 때는 제거하는 게 좋아요.

소고기 비트 콩나물 오이무른밥 (진밥 이용)

콩나물은 사포닌과 비타민 C,
아미노산이 풍부해 아기가
감기에 걸렸을 때 먹이면 좋아요.

쌀 60g   소고기(안심) 45g   콩나물 25g

물 약 350㎖   비트 20g   오이 25g

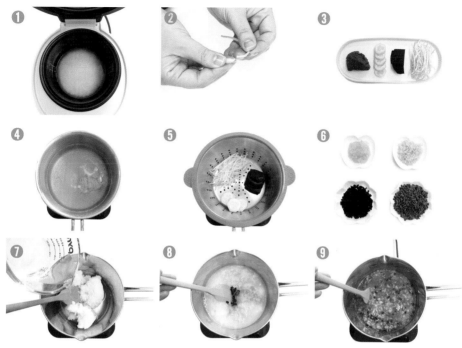

① ② ③ ④ ⑤ ⑥ ⑦ ⑧ ⑨

과정

1. 분량의 쌀을 깨끗하게 씻어서 물 180㎖에 불린 후 진밥을 지어요.

2. 콩나물을 깨끗하게 씻어서 머리 부분을 제거해요.

3. 오이와 비트를 깨끗하게 씻어서 분량대로 준비하고 적당한 크기로 손질해요.

4. 소고기는 찬물에 담가 핏물을 제거하고 끓는 물에 삶아요.

5. 콩나물과 오이, 비트를 찜기에 넣고 쪄요.

6. 모든 재료를 후기 입자에 맞게 다져요.

7. 냄비에 1에서 준비한 진밥과 나머지 물을 넣고 센 불에서 끓여요.

8. 끓어오르기 시작하면 불을 줄이고 다진 재료들을 모두 넣어요.

9. 밥과 재료가 잘 섞이고 재료가 익을 때까지 저어 가며 끓인 뒤

한 끼 먹을 분량으로 나누어 담아 냉장고에 보관해요.

 영양사 맘의 조리팁

콩나물을 처음 시도할 때는 머리 부분을 떼고 차차 머리까지 먹을 수 있게 해 주세요.

소고기 미역 버섯볶은무른밥

미역은 면역력을 강화시키는 요오드와
성장 발달에 필요한 무기질이 풍부해요.

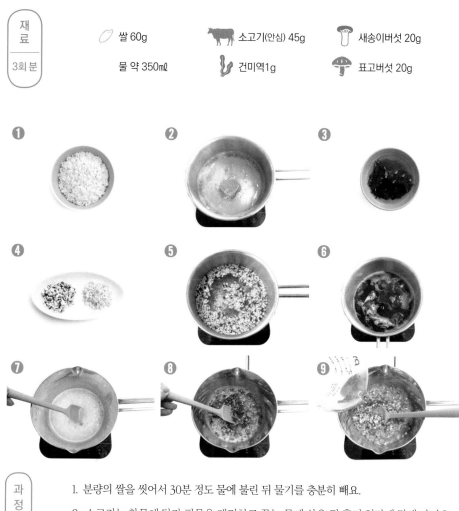

재료			
3회분	🌾 쌀 60g	🐄 소고기(안심) 45g	🍄 새송이버섯 20g
	💧 물 약 350㎖	🌿 건미역 1g	🍄 표고버섯 20g

과정

1. 분량의 쌀을 씻어서 30분 정도 물에 불린 뒤 물기를 충분히 빼요.

2. 소고기는 찬물에 담가 핏물을 제거하고 끓는 물에 삶은 뒤 후기 입자에 맞게 다져요.

3. 건미역을 깨끗하게 씻어서 물에 불려요.

4. 버섯을 깨끗하게 씻어서 후기 입자에 맞게 다져요.

5. 버섯을 뜨거운 물에 데쳐요.

6. 불린 미역을 여러 번 헹군 뒤 뜨거운 물에 데치고 후기 입자에 맞게 다져요.

7. 냄비에 쌀과 물 150㎖를 넣고 물이 줄어들 때까지 볶듯이 끓여요.

8. 끓기 시작하면 6의 다진 미역을 넣고 고르게 섞어요.

9. 나머지 물과 재료들을 모두 넣고 쌀이 익을 때까지 저어 가며 끓인 뒤
   한 끼 먹을 분량으로 나누어 담아 냉장고에 보관해요.

 영양사 맘의 조리팁

미역은 찬물에 여러 번 헹궈서 염분을 제거하고 사용해요.

닭안심 고구마 당근 양파무른밥

닭고기는 소화와 흡수가 잘되는 양질의 단백질 식품으로
영유아의 두뇌 발달 및 골격 형성에 필요한
필수 아미노산이 풍부해요.

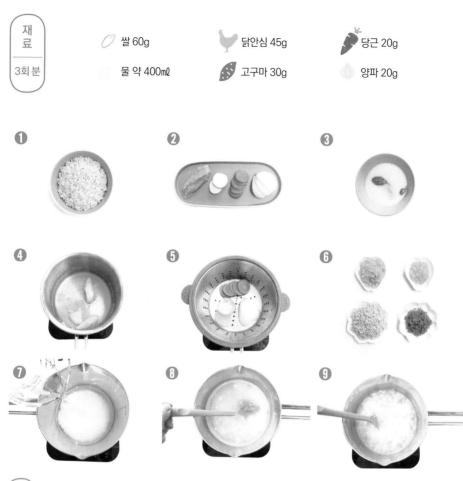

재료	쌀 60g	닭안심 45g	당근 20g
3회분	물 약 400㎖	고구마 30g	양파 20g

과정

1. 분량의 쌀을 씻어서 30분 정도 물에 불린 뒤 물기를 충분히 빼요.

2. 모든 재료를 깨끗이 씻어서 분량대로 준비하고 적당한 크기로 손질해요.

3. 닭안심은 얇은 막과 힘줄을 제거하고 모유나 분유에 담가 누린내를 제거해요.

4. 닭안심을 끓는 물에 삶아요.

5. 당근과 고구마, 양파를 찜기에 넣고 쪄요.

6. 모든 재료를 후기 입자에 맞게 다져요.

7. 냄비에 쌀과 분량의 물을 넣고 센 불에서 끓여요.

8. 끓어오르기 시작하면 불을 줄이고 모든 재료를 넣고 고르게 섞어요.

9. 쌀이 익을 때까지 저어 가며 끓인 뒤 한 끼 먹을 분량으로 나누어 담아 냉장고에 보관해요.

 영양사 맘의 조리팁

후기에 사용하는 고구마는 으깨지 않고 다른 재료와 마찬가지로 후기 입자 크기로 다져서 사용해요.

닭안심 청경채 무 감자무른밥 (진밥 이용)

감자는 체내의 염분을 조절해 주는 칼륨이 풍부하고
비타민 C가 사과보다 2배 정도 많아요.

쌀 60g	닭안심 45g	무 30g
물 약 350㎖	청경채 15g	감자 25g

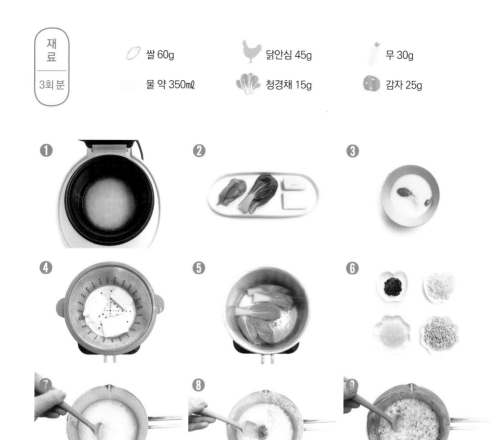

과정

1. 분량의 쌀을 씻어서 물 180㎖에 불린 후 진밥을 지어요.

2. 모든 재료를 깨끗하게 씻어서 분량대로 준비하고 적당한 크기로 손질해요.

3. 닭안심은 얇은 막과 힘줄을 제거하고 모유나 분유에 담가 누린내를 제거해요.

4. 닭안심, 무, 감자를 찜기에 넣고 쪄요.

5. 청경채를 뜨거운 물에 데쳐요.

6. 모든 재료를 후기 입자에 맞게 다져요.

7. 냄비에 1에서 준비한 진밥과 나머지 물을 넣고 센 불에서 끓여요.

8. 끓어오르기 시작하면 불을 줄이고 모든 재료를 넣어요.

9. 밥과 재료가 잘 섞이고 재료가 익을 때까지 저어 가며 끓인 뒤
   한 끼 먹을 분량으로 나누어 담아 냉장고에 보관해요.

 영양사 맘의 조리팁

후기에 사용하는 청경채는 줄기 부분까지 사용해도 좋아요.

닭안심 양배추 애호박 구기자볶은무른밥

구기자에는 각종 비타민과 무기질을 비롯해

항산화 성분이 풍부하게 들어 있어요.

베타인 성분이 몸에 들어온 독성 물질을 배출해 줘요.

재료
3회분

🥚 쌀 60g

🐔 닭안심 45g

🥛 구기자 물 350㎖ (구기자 3g, 물 약 500㎖)

🥬 양배추 35g

🥒 애호박 35g

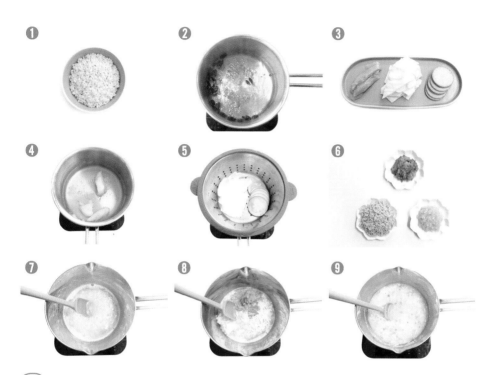

❶ ❷ ❸
❹ ❺ ❻
❼ ❽ ❾

과정

1. 분량의 쌀을 씻어서 30분 정도 물에 불린 뒤 물기를 충분히 빼요.

2. 물 500㎖에 구기자 3g을 넣고 불린 뒤 끓여서 구기자 물을 준비해요.

3. 모든 재료를 깨끗하게 씻어서 분량대로 준비하고 적당한 크기로 손질해요.

4. 모유나 분유에 담가 누린내를 제거한 닭안심을 끓는 물에 삶아요.

5. 양배추와 애호박을 찜기에 넣고 쪄요.

6. 모든 재료를 후기 입자에 맞게 다져요.

7. 냄비에 쌀과 구기자 물 150㎖를 넣고 물이 줄어들 때까지 볶듯이 끓여요.

8. 끓어오르기 시작하면 모든 재료를 넣고 섞어요.

9. 나머지 구기자 물을 붓고 쌀이 익을 때까지 저어 가며 끓인 뒤

　 한 끼 먹을 분량으로 나누어 담아 냉장고에 보관해요.

 영양사 맘의 조리팁

구기자를 처음 시도할 때는 양을 적게 넣어 알레르기 반응을 확인한 뒤 점차 양을 늘려요.

닭걀 시금치 오이 양파무른밥

오이는 수분과 비타민 C,
무기질이 풍부해요.

쌀 60g   달걀 45g   오이 25g

물 약 400㎖   시금치 20g   양파 25g

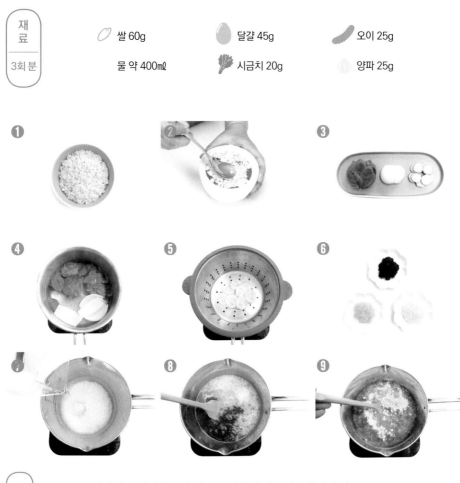

1. 분량의 쌀을 씻어서 30분 정도 물에 불린 뒤 물기를 충분히 빼요.

2. 달걀을 삶아서 노른자만 분리해 체에 내려요.

3. 오이와 시금치, 양파를 깨끗하게 씻어서 분량대로 준비하고 적당한 크기로 손질해요.

4. 시금치와 양파를 뜨거운 물에 데쳐요.

5. 오이를 찜기에 넣고 쪄요.

6. 오이와 시금치, 양파를 후기 입자에 맞게 다져요.

7. 냄비에 쌀과 분량의 물을 넣고 센 불에서 끓여요.

8. 끓어오르기 시작하면 불을 줄이고 달걀을 제외한 나머지 재료를 모두 넣고 고르게 섞어요.

9. 쌀이 어느 정도 익으면 달걀노른자를 넣고 쌀이 익을 때까지 저어 가며 끓인 뒤
   한 끼 먹을 분량으로 나누어 담아 냉장고에 보관해요.

 영양사 맘의 조리팁

양파는 익히면 당도가 높아지므로 아기가 입맛이 없을 때 넣으면 좋아요.

달걀 소고기 배추 당근 표고버섯무른밥 (진밥

맛이 순하고 달콤한 배추는 수분과 섬유질이 많아

아기가 감기에 걸리거나

변비가 생길 때 먹이면 좋아요.

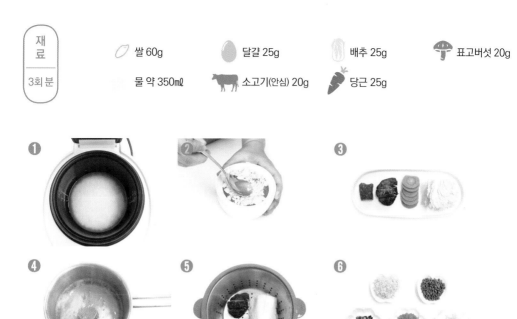

재료	쌀 60g	달걀 25g	배추 25g	표고버섯 20g
3회분	물 약 350㎖	소고기(안심) 20g	당근 25g	

과정

1. 분량의 쌀을 씻어서 물 180㎖에 불린 후 진밥을 지어요.

2. 달걀은 삶아서 노른자만 분리하고 체에 내려요.

3. 달걀을 제외한 모든 재료를 깨끗하게 씻어서 분량대로 준비하고 적당한 크기로 손질해요.

4. 소고기는 찬물에 담가 핏물을 제거하고 끓는 물에 삶아요.

5. 배추와 당근, 표고버섯을 찜기에 넣고 쪄요.

6. 모든 재료를 후기 입자에 맞게 다져요.

7. 냄비에 준비한 진밥과 남은 물을 넣고 센 불에서 끓여요.

8. 끓어오르기 시작하면 불을 줄이고 모든 재료를 넣어요.

9. 밥과 재료가 잘 섞이고 재료가 익을 때까지 저어 가며 끓인 뒤
   한 끼 먹을 분량으로 나누어 담아 냉장고에 보관해요.

 영양사 맘의 조리팁

달걀의 알끈은 아기가 소화하기 힘들 수 있으니 제거하고 사용해요.

달걀 애호박 무 콜리플라워볶은무른밥

콜리플라워는 각종 비타민과 무기질이 풍부해
감기 예방과 두뇌 발달에 좋아요.

쌀 60g

물 약 350㎖

달걀 45g

애호박 25g

무 30g

콜리플라워 15g

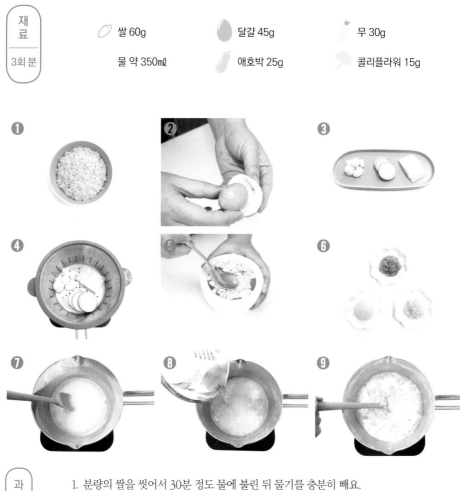

과
정

1. 분량의 쌀을 씻어서 30분 정도 물에 불린 뒤 물기를 충분히 빼요.

2. 달걀을 삶아서 노른자만 분리해요.

3. 달걀을 제외한 모든 재료를 깨끗하게 씻어서 분량대로 준비하고 적당한 크기로 손질해요.

4. 무와 애호박, 콜리플라워를 찜기에 넣고 쪄요.

5. 달걀노른자를 체에 내려요.

6. 무와 애호박, 콜리플라워를 후기 입자에 맞게 다져요.

7. 냄비에 쌀과 물 150㎖를 넣고 물이 줄어들 때까지 볶듯이 끓여요.

8. 끓어오르기 시작하면 달걀을 제외한 나머지 재료와 남은 물을 마저 넣고 섞어요.

9. 쌀이 어느 정도 익으면 달걀노른자를 넣고 쌀이 익을 때까지 저어 가며 끓인 뒤
   한 끼 먹을 분량으로 나누어 담아 냉장고에 보관해요.

 영양사 맘의 조리팁

콜리플라워는 브로콜리보다 부드러워 익는 시간이 더 짧아요.

두부 소고기 아욱 당근 배무른밥

아욱은 비타민 A와 베타카로틴 함량이 높아
눈 건강과 면역력 강화에 효과가 있어요.
칼슘이 풍부해 뼈와 치아 건강에도 좋아요.

재료
3회분

쌀 60g 두부 40g 아욱 15g 배 30g

물 약 400㎖ 소고기(안심) 15g 당근 25g

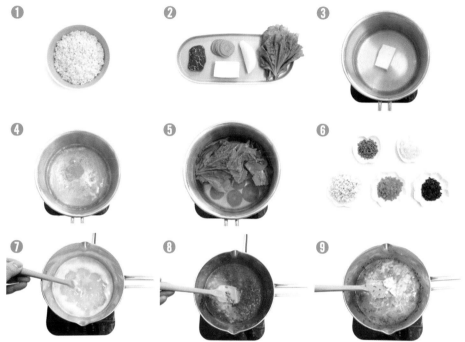

❶ ❷ ❸
❹ ❺ ❻
❼ ❽ ❾

과정

1. 분량의 쌀을 씻어서 30분 정도 물에 불린 뒤 물기를 충분히 빼요.

2. 두부, 아욱, 당근, 배를 깨끗하게 씻어서 분량대로 준비하고 적당한 크기로 손질해요.

3. 두부를 뜨거운 물에 데쳐요.

4. 소고기는 찬물에 담가 핏물을 빼고 끓는 물에 삶아요.

5. 아욱과 당근을 뜨거운 물에 데쳐요.

6. 모든 재료를 후기 입자에 맞게 다져요.

7. 냄비에 쌀과 분량의 물을 넣고 센 불에서 끓여요.

8. 끓어오르기 시작하면 불을 줄이고 배를 제외한 나머지 모든 재료를 넣고 끓여요.

9. 쌀이 어느 정도 익으면 배를 넣고 쌀이 익을 때까지 저어 가며 끓인 뒤

   한 끼 먹을 분량으로 나누어 담아 냉장고에 보관해요.

 영양사 맘의 조리팁

아욱도 다른 채소와 마찬가지로 질긴 줄기 부분은 제거하고 잎만 사용해요.

두부 단호박 가지 양송이버섯무른밥 (진밥 이용

양송이버섯은 버섯 중 단백질 함량이 가장 높아요.
트립신, 아밀라아제 등의 소화 효소가
위장 운동을 촉진시켜요.

재료 3회분	🍚 쌀 60g		두부 65g		🍆 가지 25g
	물 약 350㎖		🎃 단호박 25g		🍄 양송이버섯 20g

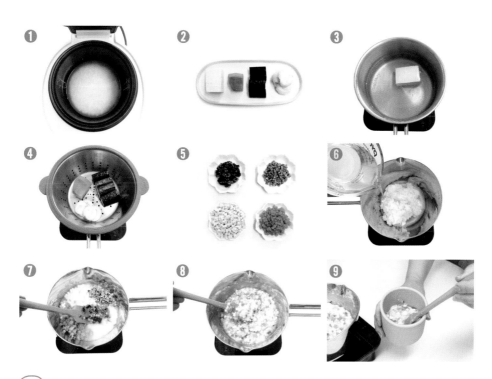

과정

1. 분량의 쌀을 씻어서 물 180㎖에 불린 후 진밥을 지어요.

2. 모든 재료를 깨끗하게 씻어서 분량대로 준비하고 적당한 크기로 손질해요.

3. 두부를 뜨거운 물에 데쳐요.

4. 단호박과 가지, 양송이버섯을 찜기에 넣고 쪄요.

5. 모든 재료를 후기 입자에 맞게 다져요.

6. 냄비에 준비한 진밥과 남은 물을 넣고 센 불에서 끓여요.

7. 끓어오르기 시작하면 불을 줄이고 다진 재료들을 모두 넣고 고르게 섞어요.

8. 쌀이 익을 때까지 저어 가며 끓여요.

9. 한 끼 먹을 분량으로 나누어 담아 냉장고에 보관해요.

영양사 맘의 조리팁

사용하고 남은 가지는 살짝 볶아서 치즈를 올리고 전자레인지에 살짝 돌려 간식으로 활용해요.

두부 적채 파프리카 사과볶은무른밥

두부는 고단백 식품이면서

칼슘이 풍부해

치아와 뼈를 튼튼하게 해 줘요.

쌀 60g

물 약 350㎖

두부 65g

적채 20g

파프리카 25g

사과 25g

과
정

1. 분량의 쌀을 씻어서 30분 정도 물에 불린 뒤 물기를 충분히 빼요.

2. 모든 재료를 깨끗하게 씻어서 분량대로 준비하고 적당한 크기로 손질해요.

3. 두부를 뜨거운 물에 데쳐요.

4. 적채와 파프리카를 찜기에 넣고 쪄요.

5. 모든 재료를 후기 입자에 맞게 다져요.

6. 냄비에 쌀과 물 150㎖를 넣고 물이 줄어들 때까지 볶듯이 끓여요.

7. 끓어오르기 시작하면 사과를 제외한 나머지 다진 재료들을 모두 넣고 고르게 섞여요.

8. 남은 물을 마저 붓고 끓여요.

9. 쌀이 어느 정도 익으면 사과를 넣고 쌀이 익을 때까지 저어 가며 끓인 뒤

한 끼 먹을 분량으로 나누어 담아 냉장고에 보관해요.

 영양사 맘의 조리팁

두부는 구입할 때 원산지를 확인하고 NON-GMO를 선택해요.

대구살 브로콜리 숙주 감자무른밥

숙주나물은 해열 효과가 있어
아기가 열이 날 때 먹이면 좋아요.
식이섬유가 풍부해 장 건강에도 좋아요.

재료
3회분

쌀 60g 　 대구살 50g 　 숙주 25g

물 약 400㎖ 　 브로콜리 15g 　 감자 30g

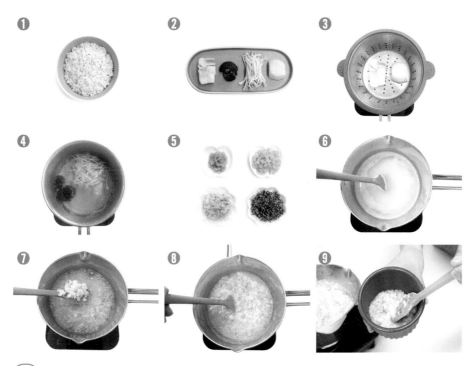

과정

1. 분량의 쌀을 씻어서 30분 정도 물에 불린 뒤 물기를 충분히 빼요.

2. 모든 재료를 깨끗하게 씻어서 분량대로 준비하고 적당한 크기로 손질해요.

3. 대구살과 감자를 찜기에 넣고 쪄요.

4. 브로콜리와 숙주를 뜨거운 물에 데쳐요.

5. 모든 재료를 후기 입자에 맞게 다져요.

6. 냄비에 쌀과 분량의 물을 넣고 센 불에서 끓여요.

7. 끓어오르기 시작하면 불을 줄이고 다진 재료들을 모두 넣고 고르게 섞어요.

8. 쌀이 익을 때까지 저어 가며 끓여요.

9. 한 끼 먹을 분량으로 나누어 담아 냉장고에 보관해요.

 영양사 맘의 조리팁

감자는 전분이 많아서 감자가 들어간 이유식에는 물의 양을 좀 더 여유 있게 잡아야 농도 맞추기가 편해요.

후기 / 적응기 동태살 청경채 비트 양파무른밥 (진밥 이용)

비린 맛이 덜한 동태는 지방 함량이 낮고
성장에 필요한 필수 아미노산과
인의 함량이 높아요.

재료
3회분

쌀 60g　　동태살 50g　　비트 15g

물 약 350㎖　　청경채 25g　　양파 30g

과정

1. 분량의 쌀을 씻어서 물 180㎖에 불린 후 진밥을 지어요.

2. 모든 재료를 깨끗하게 씻어서 분량대로 준비하고 적당한 크기로 손질해요.

3. 청경채를 뜨거운 물에 데쳐요.

4. 동태살과 양파, 비트를 찜기에 넣고 쪄요.

5. 모든 재료를 후기 입자에 맞게 다져요.

6. 냄비에 준비한 진밥과 남은 물을 넣고 센 불에서 끓여요.

7. 끓어오르기 시작하면 불을 줄이고 다진 재료들을 모두 넣고 섞어요.

8. 쌀이 익을 때까지 저어 가며 끓여요.

9. 한 끼 먹을 분량으로 나누어 담아 냉장고에 보관해요.

영양사 맘의 조리팁

비트의 붉은색은 물들면 잘 빠지지 않으므로 비트를 손질할 때는 도마에 비닐을 깔거나 위생 장갑을 끼는 게 좋아요.

가자미살 당근 옥수수 배추볶은무른밥

가자미의 아미노산 성분이
콜라겐 합성을 촉진해
피부질환 개선에 효과가 있어요.

재료 3회분	⬭ 쌀 60g	🐟 가자미살 50g	🌽 옥수수 20g
	물 약 350㎖	🥕 당근 25g	배추 25g

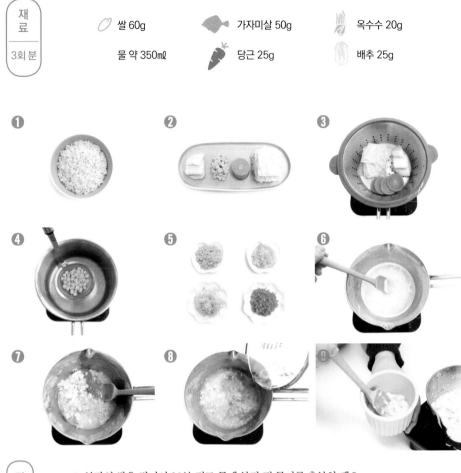

과정

1. 분량의 쌀을 씻어서 30분 정도 물에 불린 뒤 물기를 충분히 빼요.

2. 모든 재료를 깨끗하게 씻어서 분량대로 준비하고 적당한 크기로 손질해요.

3. 가자미살과 당근, 배추를 찜기에 넣고 쪄요.

4. 옥수수를 뜨거운 물에 데쳐요.

5. 모든 재료를 후기 입자에 맞게 다져요.

6. 냄비에 쌀과 물 150㎖를 넣고 물이 줄어들 때까지 볶듯이 끓여요.

7. 끓어오르기 시작하면 모든 재료를 넣고 고르게 섞어요.

8. 남은 물을 마저 붓고 쌀이 익을 때까지 저어 가며 끓여요.

9. 한 끼 먹을 분량으로 나누어 담아 냉장고에 보관해요.

 영양사 맘의 조리팁

데친 옥수수 알갱이는 포크를 이용하면 쉽게 으깰 수 있어요.

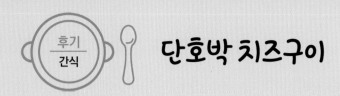

단호박 치즈구이

단호박 60g   아기용 치즈 1/2장   ● 오일 약간

과
정

1. 단호박의 씨를 제거해요.

2. 단호박의 껍질을 벗겨서 납작하게 썰어요.

3. 오일을 두른 팬에 단호박을 구워요.

4. 단호박이 투명해지면 아기용 치즈를 올리고 치즈가 녹을 때까지 익혀요.

 영양사 맘의 조리팁

단호박 대신 고구마나 감자를 활용해도 좋아요.

아보카도 바나나푸딩

재료
1~2회분

🥑 아보카도 20g

🍌 바나나 20g

물 약 100㎖

● 한천가루 약간

과정

1. 아보카도의 껍질과 씨를 제거한 후 바나나와 함께 곱게 으깨요.

2. 냄비에 아보카도와 바나나, 물, 한천가루를 넣어요.

3. 천천히 저어 가며 중불에서 끓이다가 끓어오르면 불을 줄이고 조금 더 끓인 뒤 불을 꺼요.

4. 틀에 부어 실온에서 30분 이상 굳힌 후 냉장 보관해요.

 영양사 맘의 조리팁

후기에는 물이나 분유 또는 모유를 넣고 완료기부터 아기용 우유를 사용해요.
바나나와 아보카도는 후숙이 잘 된 것을 사용해야 맛있어요.

삼색 감자경단

재
료

1~2회분

🥔 감자 50 g

🥚 달걀노른자 1/2개

🥦 브로콜리 5g

🥕 당근 5g

과
정

1. 달걀은 삶아서 노른자만 분리하고, 감자와 브로콜리, 당근은 깨끗이 씻어서 찜기에 넣고 쪄요.

2. 찐 감자를 뜨거울 때 곱게 으깨서 동그랗게 빚어요.

3. 삶은 달걀노른자를 체에 곱게 내리고, 브로콜리와 당근을 잘게 다져요.

4. 동그랗게 만든 감자에 다진 재료를 고명으로 올려요.

 영양사 맘의 조리팁

고명대신 색깔별로 감자와 섞어서 동그랗게 빚어도 좋아요.

색을 내는 다양한 채소(비트, 파프리카, 표고버섯 등)를 활용해 보세요.

고구마 사과포리지

고구마 20g 오트밀 10g

 사과 10g 분유 또는 모유 약 100㎖

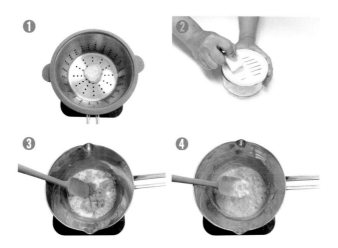

과
정

1. 고구마를 깨끗이 씻어서 찜기에 찐 후 곱게 으깨요.

2. 사과는 껍질을 벗겨 강판에 갈아요.

3. 냄비에 오트밀과 분유(모유)를 넣고 약불에서 끓이다가 모든 재료를 넣고 저어 가며 끓여요.

4. 오트밀이 부드럽게 퍼지면 불을 꺼요.

 영양사 맘의 조리팁

포리지는 곡물이나 오트밀을 물이나 우유와 섞어 만든 죽이에요.

후기에는 우유 섭취가 어려우니 분유나 모유로 대신하고 간식이 아닌 주식으로 활용해도 좋아요.

바나나 시금치 팬케이크

재료
1~2회 분

 바나나 40g

 달걀노른자 1개

● 오일 약간

 시금치 10g

쌀가루 약간

과
정

1. 달걀노른자를 풀어서 체에 내려 알끈을 제거해요.

2. 시금치를 깨끗하게 씻어서 살짝 데친 후 잘게 다지고 바나나는 곱게 으깨요.

3. 2의 재료와 달걀노른자, 쌀가루를 고르게 섞어요.

4. 팬에 오일을 두르고 약한 불에서 앞뒤로 노릇하게 구워요.

 영양사 맘의 조리팁

달걀노른자 양에 따라 색감이 달라져요. 노른자 양을 줄일 경우 줄인 만큼 물을 넣고 쌀가루로 농도를 맞춰요.

PART IV

완료기 이유식

12~15개월

유아식으로 넘어가기 전 이유식의 마지막 단계로 진밥, 덮밥으로 표현합니다.

점차 저작 활동이나 도구 사용이 완성되어갑니다. 이유식만으로 한 끼가 완성되는 시기지만 아직은 한 번에 많은 양을 소화하기 어려우므로 하루 2회 정도 간식으로 영양을 보충해 주세요. 수유 역시 간식 개념으로 주는 게 좋습니다. 완료기의 이유식은 초기/중기/후기 이유식과 달리 덮밥이나 밥과 반찬을 따로 주는 형태로 진행합니다.

완료기 이유식 가이드

완료기 단계는 12~15개월이며 준비기와 적응기로 나뉩니다.

준비기를 약 2주 정도 진행한 뒤 아기가 적응을 잘하면 적응기로 넘어갑니다.

아기 상태에 따라 준비기가 더 필요한 경우 기간을 늘려 진행합니다.

후기 ─── 준비기 ──2주──▶ 적응기

후기의 농도와 입자감을
그대로 유지하면서
완료기 이유식 양에 맞춘다.

본격적으로 완료기 이유식의
농도와 입자감을 경험한다.

1. 이유식 횟수

1일 3회

2. 이유식 섭취량

완료기 이유식 레시피 양으로 만든 이유식을 하루에 3번 정도 나눠서 준다.

3. 수유 섭취량

약 300㎖를 하루에 나눠서 준다.

4. 입자 크기

준비기는 약 0.5cm, 적응기는 약 0.7cm 크기로 손질한다.

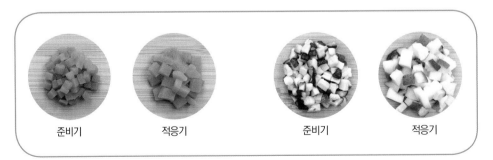

준비기   적응기   준비기   적응기

5. 완료기 식단표

1일	2일	3일	4일	5일	6일
• 소고기 애호박 브로콜리 양배추진밥 p.188 • 달걀 연두부 케일 당근 사과진밥 p.192 • 닭고기 감자 무 표고버섯진밥			• 소고기 가지 청경채진밥 • 두부 소고기 미역 양파 새송이볶은진밥 p.194 • 닭고기 배추 콜리플라워 비트진밥		
7일	**8일**	**9일**	**10일**	**11일**	**12일**
• 새우살 아욱 무 표고버섯진밥 p.196 • 닭고기 대추 고구마 콩나물볶은진밥 p.190 • 소고기 검은콩 양배추 당근진밥			• 닭고기 시금치 감자 양파진밥 • 연어 청경채 당근진밥 • 소고기 우엉 애호박 새송이버섯진밥		
13일	**14일**	**15일**	**16일**	**17일**	**18일**
• 소고기 아스파라거스 양파 단호박진밥 • 닭고기 비타민 버섯진밥 • 두부 소고기 애호박 비트진밥			• 소고기 당근 버섯진밥 • 달걀 파프리카 양배추진밥 • 닭고기 고구마 숙주 브로콜리진밥		

1일	2일	3일	4일	5일	6일
• 닭고기 파프리카 파인애플 양파볶은진밥 p.198 • 돼지고기 채소덮밥 p.204 • 소고기 아욱 배진밥			• 두부 소고기 가지 무 새송이볶은진밥 p.200 • 달걀 새우살 콜리플라워 당근진밥 • 소고기 쌀국수		
7일	**8일**	**9일**	**10일**	**11일**	**12일**
• 소고기 양파 배추 당근 아보카도볶은진밥 p.202 • 달걀 토마토 양송이버섯 브로콜리덮밥 p.206 • 두부 채소덮밥			• 닭고기 단호박 파프리카 양파 치즈덮밥 p.210 • 퀴노아 바나나볶은진밥 • 소고기 미역덮밥		
13일	**14일**	**15일**	**16일**	**17일**	**18일**
• 게살 청경채 팽이버섯 당근덮밥 p.208 • 소고기 비트 양배추 양파볶은진밥 • 달걀 채소찜+가지나물			• 소고기국수 p.212 • 전복 채소볶은진밥 • 치즈 두부부침		
19일	**20일**	**21일**	**22일**	**23일**	**24일**
• 감자 수제비+연어 브로콜리볶음 p.214 • 아기 소고기김밥 • 달걀 채소볶은진밥			• 소고기 아기카레 p.216 • 새우 애호박전+무조림 p.224 • 닭고기 부추 양파볶은진밥		
25일	**26일**	**27일**	**28일**	**29일**	**30일**
• 달걀 채소말이밥 p.218 • 굴림만두+오이볶음 p.226 • 소불고기덮밥			• 약밥 p.220 • 아기용 백숙 • 소고기 두부스테이크+양배추 적채볶음 p.222		

6. 완료기 팁

◎ 단순한 메뉴를 매일 새롭게 구성해 주는 방법

1) 3일을 기준으로 식단을 짤 경우

완료기는 대부분의 식재료를 경험해 본 시기여서 알레르기 확인을 위해 3일 동안 같은 음식을 줄 필요는 없습니다. 매번 다르게 만들기가 힘들다면 한꺼번에 몇 가지를 만들어 놓고 번갈아 주는 방식으로 엄마의 부담을 덜어보면 어떨까요? 이 책의 레시피는 하루 열량을 기준으로 만들었으므로 후기와 완료기의 경우 같은 이유식을 세 번 나누어 먹여야 합니다. 똑같은 이유식을 하루에 세 번 먹으면 아기도 질릴 수 있습니다. 세 가지 이유식을 한 번에 만들어 두고 3일 동안 번갈아 가며 주는 방식으로 진행해 보세요.

ex) A, B, C 세 가지 이유식을 한꺼번에 만들어 표와 같이 번갈아 먹인다.

1일	2일	3일
A	B	C
B	C	A
C	A	B

2) 6일을 기준으로 식단을 짤 경우

초/중/후기와 달리 완료기에는 식단을 6일을 기준으로 짜면 같은 메뉴라도 반복 주기가 짧아져 아기가 지겨워하지 않아요. 예를 들어 A, B, C, D, E, F 6가지 이유식을 만들었다면 아래 표처럼 6일 동안 나눠서 제공해 주세요.

1일	2일	3일	4일	5일	6일
A	D	B	F	C	E
B	E	C	D	A	F
C	F	A	E	B	D

아기에게 다양한 음식을 먹이고 싶은 마음은 모든 엄마가 같습니다. 하지만 영양사인 저도 매끼 다른 음식을 준비하기는 어렵습니다. 삼시세끼 챙기기도 어려운 일이니까요. 유아식으로 넘어가면 밥, 국, 반찬을 주기 시작하는데 이때가 되면 차라리 이유식이 편했다는 생각이 들 수도 있습니다. 6일 치를 한 번에 만드는 것도 쉬운 일은 아니지만 하루 힘들어 6일 동안 편할 수 있으니 본인에게 맞는 방법인지도 고려해 보세요.

그런데 6일 치를 한 번에 만들어 둘 경우 보관에 좀 더 신경을 써야 합니다. 보관 용기는 밀폐력이 높아 이유식의 신선도가 잘 유지되고 열탕 소독이 가능한 재질을 추천합니다. 냉동실에 보관할 경우 하루 전날 냉장고로 옮겨 자연 해동한 뒤 데워서 먹이고 먹고 남은 이유식은 재사용하지 말고 폐기해 주세요.

영양사 맘의 경우 하루에 모든 재료를 준비해 놓고 다음 날 끓이는 과정만 반복해 6가지 이유식을 완성했어요. 시간이 촉박할 때는 입자에 맞게 다져서 판매하는 곳에서 재료를 구입해 재료 손질하는 시간을 절약했어요. 후기 이후로는 만들어야 할 양이 점차 많아지므로 모든 것을 직접 하려고 하기보다 약간의 타협안을 찾는 것도 괜찮습니다.

완료기
준비기

소고기 애호박 브로콜리 양배추진밥 (진밥 이용)

소고기는 단백질과 철분은 많지만

칼슘과 비타민이 부족해

채소와 같이 섭취하는 게 좋아요.

재료	🍚 쌀 100g	🐄 소고기(안심) 60g	🥦 브로콜리 25g
3회분	물 약 400㎖	애호박 40g	양배추 35g

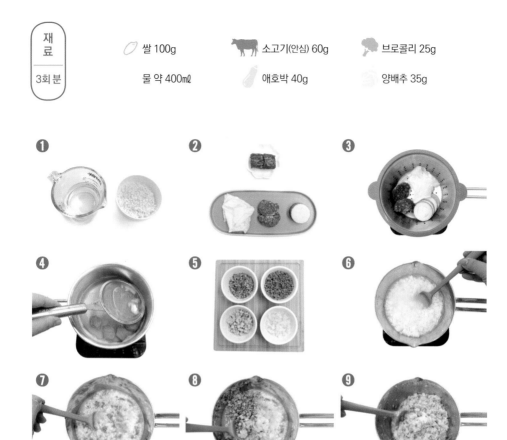

과 정

1. 분량의 쌀을 씻어서 물 200㎖에 불린 후 진밥을 지어요.

2. 소고기는 찬물에 담가 핏물을 제거하고 채소류는 깨끗하게 씻어서 분량대로 준비한 뒤 적당한 크기로 손질해요.

3. 브로콜리와 애호박, 양배추를 찜기에 넣고 쪄요.

4. 소고기를 끓는 물에 삶아요.

5. 모든 재료를 후기 입자에 맞게 다져요.

6. 1에서 준비한 진밥에 물 200㎖를 붓고 센 불에서 끓여요.

7. 끓어오르기 시작하면 불을 줄이고 소고기를 넣어 잘 풀어요.

8. 나머지 모든 재료를 넣고 고르게 섞어요.

9. 재료가 모두 익을 때까지 끓인 뒤 한 끼 먹을 분량으로 나누어 담아 냉장고에 보관해요.

 영양사 맘의 조리팁

완료기 준비기의 진밥은 쌀 양의 2배 물을 넣고 지어요.

닭고기 대추 고구마 콩나물볶은진밥

대추는 끓일수록 단맛이 나
아기의 입맛을 살려 줘요.

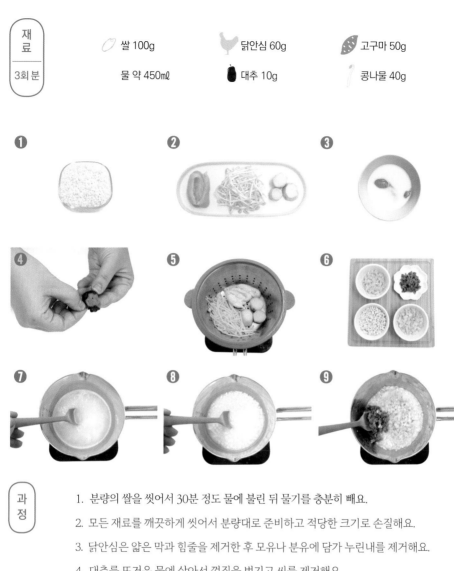

재료

3회분

쌀 100g   닭안심 60g   고구마 50g

물 약 450㎖   대추 10g   콩나물 40g

❶ ❷ ❸ ❹ ❺ ❻ ❼ ❽ ❾

과정

1. 분량의 쌀을 씻어서 30분 정도 물에 불린 뒤 물기를 충분히 빼요.

2. 모든 재료를 깨끗하게 씻어서 분량대로 준비하고 적당한 크기로 손질해요.

3. 닭안심은 얇은 막과 힘줄을 제거한 후 모유나 분유에 담가 누린내를 제거해요.

4. 대추를 뜨거운 물에 삶아서 껍질을 벗기고 씨를 제거해요.

5. 고구마와 닭안심, 콩나물을 찜기에 넣고 쪄요.

6. 모든 재료를 후기 입자에 맞게 다져요.

7. 냄비에 쌀과 물 250㎖를 넣고 볶듯이 끓여요.

8. 끓어오르기 시작하면 불을 줄이고 닭안심을 넣고 물이 줄어들 때까지 끓여요.

9. 남은 물과 다진 재료들을 모두 넣고 쌀이 익을 때까지 끓인 뒤

　한 끼 먹을 분량으로 나누어 담아 냉장고에 보관해요.

 영양사 맘의 조리팁

완료기에 대추의 껍질을 벗기지 않고 사용하려면 대추를 물에 충분히 불린 뒤 삶아서
조금 더 작게 다져서 넣어요.

191

달걀 연두부 케일 당근 사과진밥 (진밥 이용)

케일은 비타민 A와 C, 칼슘의 함량이 높아

영 유아기 뇌와 신경계 발달에 도움이 돼요.

특히 사과와 궁합이 좋아요.

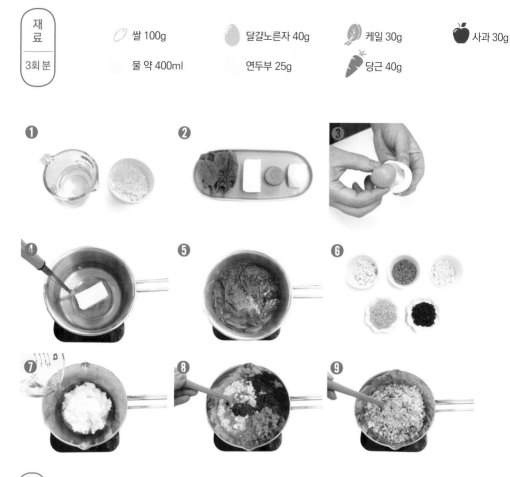

재료				
3회분	🌾 쌀 100g	🥚 달걀노른자 40g	🥬 케일 30g	🍎 사과 30g
	물 약 400㎖	연두부 25g	🥕 당근 40g	

과정

1. 분량의 쌀을 씻어서 물 200㎖에 불린 후 진밥을 지어요.

2. 달걀을 뺀 나머지 재료를 깨끗하게 씻어서 분량대로 준비하고 적당한 크기로 손질해요.

3. 달걀을 삶은 후 노른자만 분리해요.

4. 연두부를 뜨거운 물에 데쳐요.

5. 케일과 당근을 뜨거운 물에 데쳐요.

6. 모든 재료를 후기 입자에 맞게 다져요.

7. 1에서 준비한 진밥에 물 200㎖를 붓고 센 불에서 끓여요.

8. 끓어오르기 시작하면 불을 줄이고 노른자와 사과를 뺀 나머지 재료를 모두 넣고 고르게 섞어요.

9. 노른자와 사과를 넣고 재료가 익을 때까지 끓인 뒤
한 끼 먹을 분량으로 나누어 담아 냉장고에 보관해요.

 영양사 맘의 조리팁

케일은 다른 채소에 비해 잎이 두꺼우니 최대한 얇은 부분을 사용하거나 충분히 데쳐서 사용해요.

완료기
준비기

두부 소고기 미역 양파 새송이볶은진밥

새송이버섯은 소고기와 궁합이 좋고

비타민 B군과 아미노산이 풍부해

면역력 강화에 좋아요.

재료
3회분

쌀 100g   소고기(안심) 35g   건미역 2g   새송이버섯 25g

물 약 450㎖   두부 40g   양파 35g

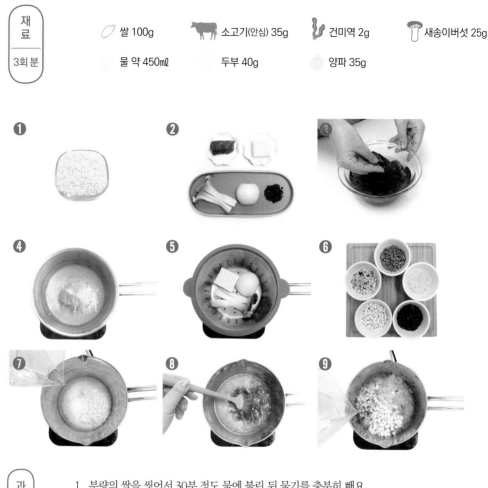

① **②** **③** **④** **⑤** **⑥** **⑦** **⑧** **⑨**

과정

1. 분량의 쌀을 씻어서 30분 정도 물에 불린 뒤 물기를 충분히 빼요.

2. 소고기는 찬물에 담가 핏물을 제거하고 나머지 재료들은 깨끗하게 씻어서
   분량대로 준비하고 적당한 크기로 손질해요.

3. 건미역을 물에 불려서 충분히 헹군 후 뜨거운 물에 데쳐요.

4. 소고기를 끓는 물에 삶아요.

5. 두부와 양파, 새송이버섯을 찜기에 넣고 쪄요.

6. 모든 재료를 후기 입자에 맞게 다져요.

7. 냄비에 쌀과 물 250㎖를 넣고 볶듯이 끓여요.

8. 끓어오르기 시작하면 불을 줄이고 소고기와 미역을 넣고 물이 줄어들 때까지 끓여요.

9. 나머지 물과 재료를 모두 넣고 쌀이 익을 때까지 끓인 뒤
   한 끼 먹을 분량으로 나누어 담아 냉장고에 보관해요.

 영양사 맘의 조리팁

좀 더 건강하고 맛있는 이유식을 만들기 위해 참기름과 들기름을 약간 추가해도 좋아요.

완료기
준비기

새우살 아욱 무 표고버섯진밥 (진밥 이용)

새우에 부족한 비타민 A와 C를 아욱이 채워 줘요.

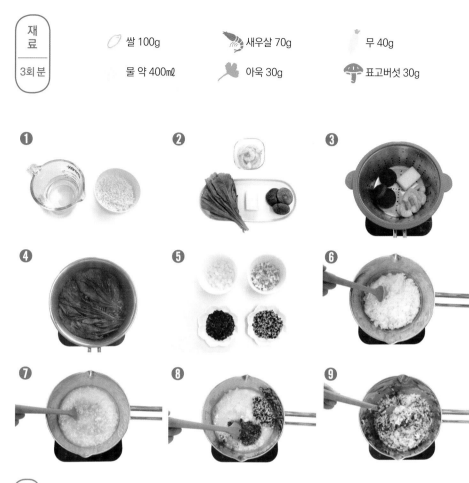

재료			
3회분	쌀 100g	새우살 70g	무 40g
	물 약 400㎖	아욱 30g	표고버섯 30g

과정

1. 분량의 쌀을 씻어서 물 200㎖에 불린 후 진밥을 지어요.

2. 모든 재료를 깨끗하게 씻어서 분량대로 준비하고 적당한 크기로 손질해요.

3. 새우살과 무, 표고버섯을 찜기에 넣고 쪄요.

4. 아욱을 뜨거운 물에 데쳐요.

5. 모든 재료를 후기 입자에 맞게 다져요.

6. 1에서 준비한 진밥에 물 200㎖를 붓고 센 불에서 끓여요.

7. 끓어오르기 시작하면 불을 줄이고 다진 새우살을 넣고 고르게 섞어요.

8. 나머지 재료를 모두 넣고 저어 가며 끓여요.

9. 재료가 익을 때까지 끓인 뒤 한 끼 먹을 분량으로 나누어 담아 냉장고에 보관해요.

 영양사 맘의 조리팁

표고버섯의 향 때문에 아기가 잘 안 먹으려 한다면 새송이버섯이나 양송이버섯으로 대체해 보세요.

닭고기 파프리카 파인애플 양파볶은진밥

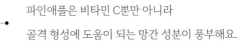

파인애플은 비타민 C뿐만 아니라

골격 형성에 도움이 되는 망간 성분이 풍부해요.

재료

3회분

🥚 쌀 100g　　🐔 닭안심 60g　　🧅 양파 35g

🥛 닭 육수 450㎖　　🫑 파프리카 35g　　파인애플 30g

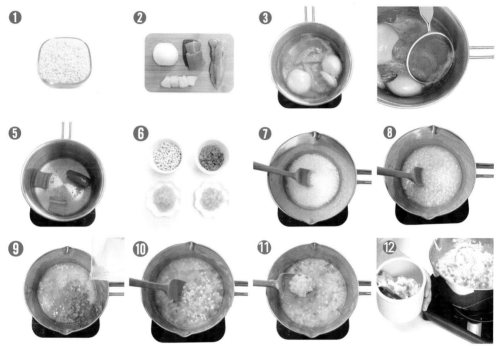

과정

1. 분량의 쌀을 씻어서 30분 정도 물에 불린 뒤 물기를 충분히 빼요.

2. 모든 재료를 깨끗하게 씻어서 분량대로 준비하고 적당한 크기로 손질해요.

3. 닭고기를 우유에 담가 잡내를 제거하고 양파와 함께 뜨거운 물에 삶아요.

4. 닭고기 삶은 물을 육수로 사용하기 위해 불순물을 깨끗하게 제거해요.

5. 파프리카를 뜨거운 물에 살짝 데쳐요.

6. 모든 재료를 완료기 입자에 맞게 다져요.

7. 냄비에 쌀과 닭 육수 100㎖를 넣고 센 불에서 볶듯이 끓여요.

8. 쌀이 투명해지고 물이 줄어들면 닭고기와 닭 육수 100㎖를 추가하고 저어 가며 볶아요.

9. 물이 줄어들면 파프리카와 양파, 나머지 닭 육수를 모두 넣고 센 불에서 끓여요.

10. 끓어오르기 시작하면 불을 줄이고 쌀이 익을 때까지 끓여요.

11. 어느 정도 익으면 파인애플을 넣어 아기가 먹는 농도보다 묽게 마무리해요.

12. 한 끼 먹을 분량으로 나누어 담아 냉장고에 보관해요.

두부 소고기 가지 무 새송이볶은진밥

가지는 빈혈을 예방하고 몸에 수분을 공급해
열을 내리는 효과가 있어요.

🥚 쌀 100g　　　🐄 소고기(안심) 30g　　　🍆 가지 40g　　　🍄 새송이버섯 30g

소고기 육수 450㎖　　　두부 40g　　　무 30g　　　● 참기름 약간

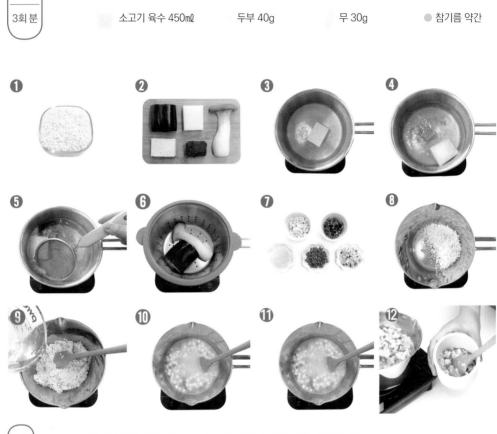

과
정

1. 분량의 쌀을 씻어서 30분 정도 물에 불린 뒤 물기를 충분히 빼요.

2. 소고기는 찬물에 담가 핏물을 제거하고 나머지 재료들은 깨끗하게 씻어서
   분량대로 준비하고 적당한 크기로 손질해요.

3. 두부를 뜨거운 물에 데쳐요.

4. 소고기를 무와 함께 뜨거운 물에 삶아요.

5. 소고기 삶은 물을 육수로 사용하기 위해 불순물을 깨끗하게 제거해요.

6. 가지와 새송이버섯을 찜기에 넣고 쪄요.

7. 모든 재료를 완료기 입자에 맞게 다져요.

8. 냄비에 참기름을 두르고 불린 쌀을 넣고 살짝 볶아요.

9. 참기름이 쌀에 스며들면 소고기 육수 100㎖를 넣어 볶듯이 끓여요

10. 쌀이 투명해지고 물이 줄어들면 소고기와 소고기 육수 100㎖를 추가하고 저어 가며 볶아요.

11. 다진 재료와 나머지 육수를 모두 넣고 센 불에서 끓여 아기가 먹는 농도보다 묽게 마무리해요.

12. 한 끼 먹을 분량으로 나누어 담아 냉장고에 보관해요.

소고기 양파 배추 당근 아보카도볶은진밥

아보카도는 영유아기 두뇌 발달에 좋은
필수지방산과 몸속 나트륨을 배출하는 데
도움이 되는 칼륨이 풍부해요.

쌀 100g　　소고기(안심) 60g　　배추 25g　　아보카도 25g

물 약 450㎖　　양파 25g　　당근 25g

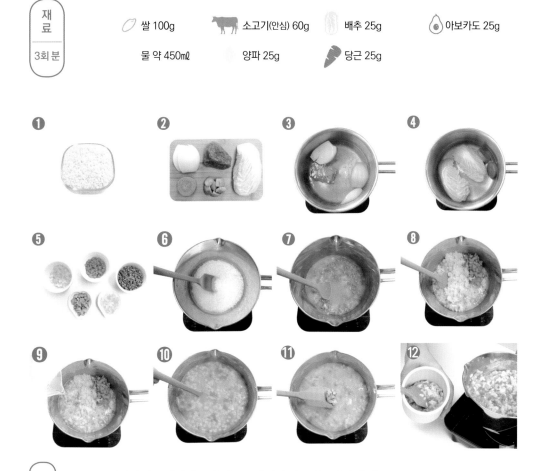

❶　❷　❸　❹

❺　❻　❼　❽

❾　❿　⓫　⓬

과
정

1. 분량의 쌀을 씻어서 30분 정도 물에 불린 뒤 물기를 충분히 빼요.

2. 소고기는 찬물에 담가 핏물을 제거하고 나머지 재료들은 깨끗하게 씻어서
   분량대로 준비하고 적당한 크기로 손질해요.

3. 소고기를 양파와 함께 뜨거운 물에 삶아요.

4. 배추와 당근을 뜨거운 물에 살짝 데쳐요.

5. 모든 재료를 완료기 입자에 맞게 다져요.

6. 냄비에 쌀과 물 100㎖를 넣고 볶듯이 끓여요.

7. 쌀이 투명해지고 물이 줄어들면 소고기와 물 100㎖를 추가하고 저어 가며 볶아요.

8. 소고기와 쌀이 고르게 섞이면 아보카도를 제외한 나머지 모든 재료를 넣어요.

9. 나머지 물을 마저 붓고 끓여요.

10. 끓어오르기 시작하면 불을 줄이고 쌀이 익을 때까지 끓여요.

11. 마지막으로 아보카도를 넣고 아기가 먹는 농도보다 묽게 마무리해요.

12. 한 끼 먹을 분량으로 나누어 담아 냉장고에 보관해요.

돼지고기 채소덮밥

돼지고기 안심은 지방이 적고

단백질과 칼륨의 함량이 높아

아기의 성장 발육에 좋아요.

🐷 돼지고기 안심 60g　　🥬 양배추 40g　　⬤ 오일 약간

🥒 애호박 35g　　🥕 당근 25g　　⬤ 전분물 약간

🌾 쌀 100g

💧 물 약 300㎖

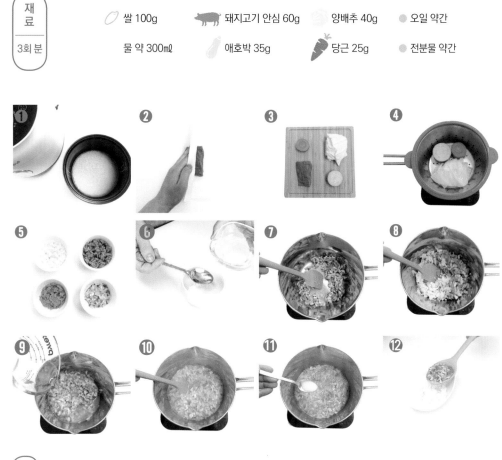

과
정

1. 분량의 쌀을 씻어서 물 150㎖에 불린 후 밥을 지어요.

2. 키친타월로 돼지고기의 핏물을 제거해요.

3. 채소류를 깨끗하게 씻어서 분량대로 준비하고 적당한 크기로 손질해요.

4. 애호박과 당근, 양배추를 찜기에 넣고 쪄요.

5. 모든 재료를 완료기 입자에 맞게 다져요.

6. 물과 전분가루를 1:1로 섞어 전분물을 만들어요.

7. 냄비에 오일을 두르고 돼지고기를 볶아요.

8. 돼지고기가 갈색으로 변하면 채소류를 넣고 볶아요.

9. 재료가 익으면 물 150㎖를 붓고 센 불에서 끓여요.

10. 끓기 시작하면 불을 줄이고 고르게 저어 가며 끓여요.

11. 전분물로 농도를 맞춰서 마무리해요.

12. 그릇에 한 끼 분량의 밥을 담고 덮밥 소스를 올려요.

달걀 토마토 양송이버섯 브로콜리덮밥

토마토는 라이코펜, 베타카로틴 등 항산화 물질이 풍부해요.

열을 가하면 라이코펜이 토마토 세포벽 밖으로 빠져나와

몸에 흡수가 잘 되므로 열로 조리해서 먹는 것이 좋아요.

🥚 쌀 100g   🥚 달걀 60g   🍄 양송이버섯 40g   ● 오일 약간

물 약 300㎖   🍅 토마토 30g   🥦 브로콜리 30g   ● 전분물 약간

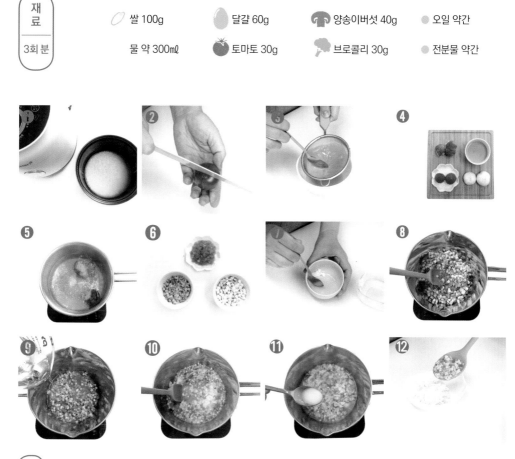

과
정

1. 분량의 쌀을 씻어서 물 150㎖에 불린 후 밥을 지어요.

2. 토마토에 칼집을 내서 뜨거운 물에 살짝 데치고 껍질을 벗겨요.

3. 달걀을 풀어서 체에 내려요.

4. 양송이버섯과 브로콜리를 깨끗하게 씻어서 분량대로 준비하고 적당한 크기로 손질해요.

5. 브로콜리를 뜨거운 물에 살짝 데쳐요.

6. 모든 재료를 완료기 입자에 맞게 다져요.

7. 물과 전분가루를 1:1로 섞어 전분물을 만들어요.

8. 냄비에 오일을 두르고 양송이와 토마토, 브로콜리를 볶아요.

9. 재료가 익으면 물 150㎖를 붓고 센 불에서 끓여요.

10. 끓기 시작하면 달걀물을 넣고, 어느 정도 익으면 살짝 저어서 재료가 서로 뭉쳐지게 끓여요.

11. 전분물로 농도를 맞춰서 마무리해요.

12. 그릇에 한 끼 분량의 밥을 담고 덮밥 소스를 올려요.

게살 청경채 팽이버섯 당근덮밥

팽이버섯은 비타민 C 함량이 높고
식이섬유와 수분이 풍부해 음식에 넣으면
단맛을 상승시키는 효과가 있어요.

재료	쌀 100g	게살 20g	청경채 30g	당근 40g
3회분	물 약 300㎖	달걀 20g	팽이버섯 30g	전분물과 참기름 약간

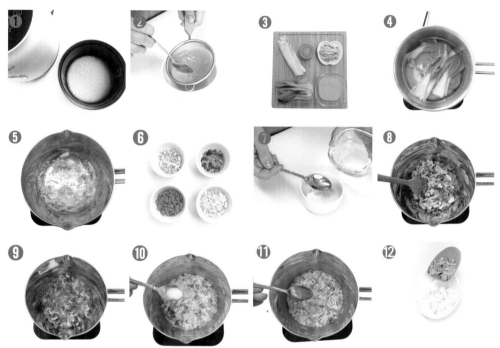

과정

1. 분량의 쌀을 씻어서 물 150㎖에 불린 후 밥을 지어요.

2. 달걀을 풀어서 체에 내려요.

3. 달걀을 제외한 모든 재료를 깨끗하게 씻어서 분량대로 준비하고 적당한 크기로 손질해요.

4. 청경채와 당근을 뜨거운 물에 살짝 데쳐요.

5. 게살을 뜨거운 물에 살짝 데쳐요.

6. 청경채와 당근, 팽이버섯을 게살처럼 얇고 긴 형태로 손질해요.

7. 물과 전분가루를 1:1로 섞어 전분물을 만들어요.

8. 냄비에 약간의 물을 붓고 청경채와 당근, 게살을 볶아요.

9. 채소가 어느 정도 익으면 물 150㎖를 붓고 센 불에서 끓여요.

10. 끓기 시작하면 달걀물과 팽이버섯을 넣고 끓인 뒤 전분물로 농도를 맞춰요.

11. 약간의 참기름을 넣어 마무리해요.

12. 그릇에 한 끼 분량의 밥을 담고 덮밥 소스를 올려요.

닭고기 단호박 파프리카 양파 치즈덮밥

단호박에 풍부한 베타카로틴은 몸에 들어오면

비타민 A로 변환되어 흡수되므로

오일로 요리하면 비타민 A의 흡수력을 높일 수 있어요.

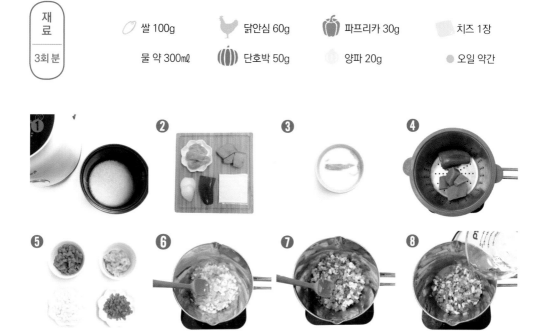

재료
3회분

🌾 쌀 100g　　🐔 닭안심 60g　　🫑 파프리카 30g　　🧀 치즈 1장

물 약 300㎖　　🎃 단호박 50g　　🧅 양파 20g　　● 오일 약간

과정

1. 분량의 쌀을 씻어서 물 150㎖에 불린 후 밥을 지어요.

2. 단호박은 씨와 껍질을 제거하고 파프리카와 양파는 깨끗하게 씻어서 적당한 크기로 손질해요.

3. 닭안심을 우유에 담가 누린내를 제거해요.

4. 단호박과 파프리카를 찜기에 넣고 쪄요.

5. 모든 재료를 완료기 입자에 맞게 다져요.

6. 냄비에 오일을 약간 두르고 양파와 닭안심을 볶아요.

7. 재료가 익으면 나머지 재료들을 모두 넣고 볶아요.

8. 나머지 물을 마저 붓고 센 불에서 끓여요

9. 끓어오르기 시작하면 불을 줄여요.

10. 재료가 익으면 치즈를 넣고 녹여요.

11. 치즈가 녹으면 농도에 맞춰 마무리해요.

12. 그릇에 한 끼 분량의 밥을 담고 덮밥 소스를 올려요.

소고기국수

현미 국수는 식이섬유가 풍부해
배변 활동에 도움이 돼요.

현미 국수 35g   다진 소고기 20g   당근 10g   국물용 멸치 3개

물 약 200㎖   애호박 10g   표고버섯 10g   오일 약간

과정

1. 채소류를 깨끗하게 씻어서 분량대로 준비하고 적당한 크기로 손질해요.

2. 소고기는 키친타월로 닦아 핏물을 제거해요.

3. 애호박과 당근, 표고버섯을 채 썰어요.

4. 팬에 오일을 두르고 소고기를 볶아요.

5. 끓는 물에 국수를 넣고 삶은 뒤 찬물에 헹궈요.

6. 분량의 물에 멸치를 넣고 끓여요.

7. 끓기 시작하면 불을 줄이고 멸치를 건져내요.

8. 7에 애호박과 당근, 표고버섯을 넣고 끓여요.

9. 그릇에 소면을 담고 고명을 올린 뒤 멸치육수를 부어요.

영양사 맘의 조리팁

완료기부터는 아기용 국간장을 약간 넣어도 좋지만 멸치 육수를 사용할 때는
멸치에 나트륨이 있어 국간장을 따로 넣지 않아요.

감자수제비 + 연어 브로콜리볶음

완료기
적응기

연어에 함유된 비타민 D는 뼈를 튼튼하게 하고
비타민 A는 시력 발달에 좋아요.

🥔 **감자수제비**   밀가루 15g, 전분가루 15g, 멸치육수 200㎖, 감자 45g. 달걀 5g. 당근 10g, 양파 10g

🐟 **연어 브로콜리볶음**   연어 20g, 브로콜리 10g, 오일 약간

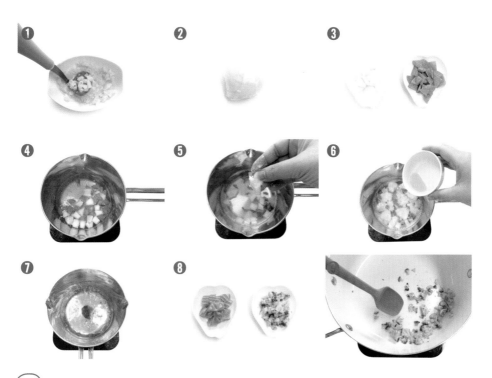

과

정

감자수제비   1. 감자의 껍질을 벗겨 찐 다음 곱게 으깨요.

2. 1에 밀가루와 전분가루를 넣고 손으로 치댄 후 냉장고에 30분 정도 숙성해요.

3. 당근과 양파를 작게 잘라요.

4. 냄비에 멸치 육수를 넣고 끓으면 당근과 양파를 넣어요.

5. 재료가 익으면 2의 수제비 반죽을 한입 크기로 뜯어 넣어요.

6. 달걀물을 체에 걸러서 동그랗게 붓고 수제비가 익을 때까지 조금 더 끓여요

연어 브로콜리볶음   7. 브로콜리를 뜨거운 물에 살짝 데쳐요.

8. 연어와 브로콜리를 완료기 입자로 썰어요.

9. 팬에 오일을 두르고 연어와 브로콜리를 볶아요.

 영양사 맘의 조리팁

수제비나 떡국을 먹일 때는 반찬으로 단백질을 보충해 주거나 단백질이 들어간 간식으로 영양의 균형을 맞춰 주세요.

소고기 아기카레

카레는 뇌세포 운동을 활발하게 하고
세포 손상을 막아주는 효과가 있어요.
몸을 따뜻하게 만들어 혈액순환을 돕기도 해요.

밥 80g 소고기(안심) 20g 감자 5g 카레가루 5g

물 약 100㎖ 당근 5g 애호박 5g 오일 약간

우유 20㎖ 양파 5g 사과 10g

과정

1. 채소류를 깨끗하게 씻어서 분량대로 준비하고 적당한 크기로 손질해요.

2. 소고기는 키친타월을 이용해 핏물을 제거해요.

3. 사과를 제외한 모든 재료를 완료기 입자에 맞게 잘라요.

4. 사과는 껍질을 벗겨서 강판에 갈아요.

5. 카레가루에 우유를 넣고 풀어요.

6. 팬에 오일을 두르고 사과와 카레가루를 뺀 나머지 재료를 모두 넣고 볶아요.

7. 물 100㎖와 사과를 넣고 중불에서 끓여요.

8. 우유에 푼 카레가루를 넣고 계속 끓여요.

9. 끓어오르면 불을 줄이고 좀 더 끓여서 완성해요.

 영양사 맘의 조리팁

카레가루는 아기에게 자극적일 수 있으니 완료기 후반쯤 사용하는 것이 좋아요.
좀 더 순하고 부드럽게 만들려면 물과 우유의 비율에서 우유의 양을 늘려요.

달걀 채소말이밥

달걀과 애호박은 서로 부족한 영양분을 보충해 줘요.

애호박이 달걀에 함유된 단백질 흡수를 도와줘요.

재료
1회분

밥 80g 달걀 10g 양배추 5g 애호박 15g
우유 약간 닭안심 10g 당근 10g 오일 약간

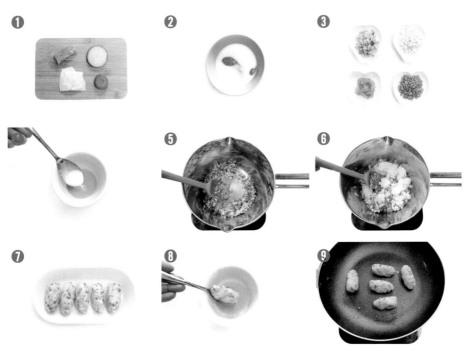

❶ ❷ ❸ ❹ ❺ ❻ ❼ ❽ ❾

과정

1. 모든 재료를 깨끗하게 씻어서 분량대로 준비하고 적당한 크기로 손질해요.

2. 닭안심을 우유에 담가 누린내를 제거해요.

3. 양배추, 당근, 애호박, 닭안심을 잘게 다져요.

4. 달걀을 풀어 체에 내리고 우유를 약간 섞어요.

5. 팬에 오일을 두르고 모든 재료를 넣고 볶아요.

6. 재료가 어느 정도 익으면 준비한 밥을 넣고 볶아요.

7. 볶은밥을 식혀서 손으로 잡기 쉽도록 긴 모양으로 뭉쳐요.

8. 밥에 달걀물을 고르게 묻혀요.

9. 팬에 오일을 두르고 밥을 앞뒤로 돌려가며 부쳐요.

영양사 맘의 조리팁

달걀물 대신 스크램블을 만들어 밥과 섞어서 모양을 만들어도 좋아요.

약밥

밤은 탄수화물과 단백질, 비타민이 풍부해요.

배탈이 나거나 설사가 심할 때

몸을 따뜻하게 해주는 효과가 있어요.

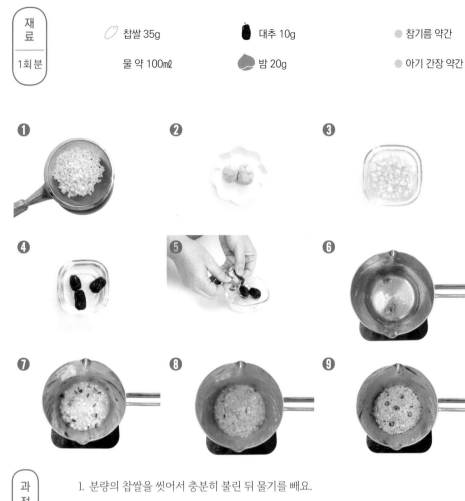

재료			
1회분	찹쌀 35g	대추 10g	참기름 약간
	물 약 100㎖	밤 20g	아기 간장 약간

과정

1. 분량의 찹쌀을 씻어서 충분히 불린 뒤 물기를 빼요.

2. 밤 껍데기를 벗겨요.

3. 밤을 잘게 다져서 물에 담가 전분기를 빼요.

4. 대추를 물에 불려요.

5. 불린 대추의 씨를 뺀 뒤 채 썰어요.

6. 냄비에 분량의 물과 대추 씨를 넣고 끓인 뒤 씨를 건져내요.

7. 6번 물에 찹쌀과 밤, 대추, 아기 간장, 참기름을 넣고 고르게 섞어요.

8. 센 불에서 끓이다가 끓어오르기 시작하면 약불에서 5분 정도 더 끓여요.

9. 밥이 익으면 뜸을 들여 완성해요.

 영양사 맘의 조리팁

약밥은 냄비 대신 밥솥을 이용해도 좋아요.

소고기 두부스테이크 + 양배추 적채볶음

적채는 칼륨 성분이 풍부해
몸속의 나트륨 배출을 도와줘요.

재료
1회분

 밥 80g

소고기 두부스테이크 다진 소고기 15g, 두부 10g, 양파 10g, 표고버섯 5g, 당근 5g, 빵가루 약간

양배추 적채볶음 양배추 7g, 적채 3g, 들기름 약간

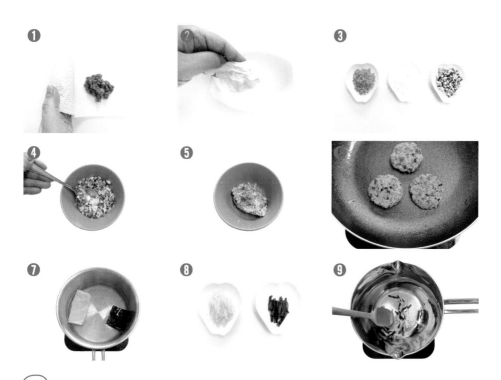

과정

소고기 두부스테이크
1. 소고기는 키친타월을 이용해 핏물을 제거해요.
2. 두부를 끓는 물에 데친 뒤 면보로 물기를 꼭 짜고 으깨요.
3. 양파와 표고버섯, 당근을 잘게 다져요.
4. 볼에 소고기와 두부, 채소를 넣고 치대요.
5. 4에 빵가루를 넣어 가며 반죽 농도를 맞춰요.
6. 반죽을 먹기 좋은 크기로 동글게 만들어 팬에 노릇하게 구워요.

양배추 적채볶음
7. 양배추와 적채를 뜨거운 물에 살짝 데쳐요.
8. 양배추와 적채를 작게 채 썰어요.
9. 팬에 양배추와 적채를 넣어 볶다가 들기름을 약간 넣고 마무리해요.

새우 애호박전 + 무조림

새우에 들어있는 카로틴이 면역력을 강화해요.

새우는 칼슘이 많아 성장기 어린이에게 좋아요.

밥 80g

🦐 **새우 애호박전** 새우살 15g, 달걀 5g, 애호박 20g, 부침가루

무조림 무 20g, 들기름 약간, 아기 간장 약간, 아가베시럽 약간, 물 약간

❶

❷

❹

❺

❻

❼

❽

❾

과
정

새우 애호박전 1. 새우살을 작게 다져요.

2. 애호박을 동그랗게 잘라서 가운데를 동그랗게 파내요.

3. 애호박에 부침가루를 안쪽까지 골고루 묻혀요.

4. 다진 새우살로 애호박의 빈 부분을 채워요.

5. 달걀물을 묻혀요.

6. 팬에 기름을 두르고 노릇하게 부쳐요.

무조림 7. 무를 완료기 입자에 맞게 잘라요.

8. 팬에 들기름을 두르고 무가 투명해질 때까지 볶아요.

9. 물과 아기 간장, 아가베 시럽을 약간 넣고 무에 간이 배도록 조려요.

영양사 맘의 조리팁

달걀이나 밀가루를 사용하지 않을 때는 반죽이 질어 부치기 힘들 수 있으니 전분가루나 쌀가루를 활용해 보세요.
좀 더 바삭한 식감을 위해 빵가루를 사용해도 좋아요. 부칠 때는 너무 자주 뒤집지 말고
한쪽이 충분히 익은 뒤 뒤집어야 식감이 좋아요.

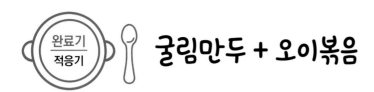

굴림만두 + 오이볶음

영양부추는 비타민 C와 E는 물론
철분을 다량 함유하고 있어
빈혈 예방에 좋아요.

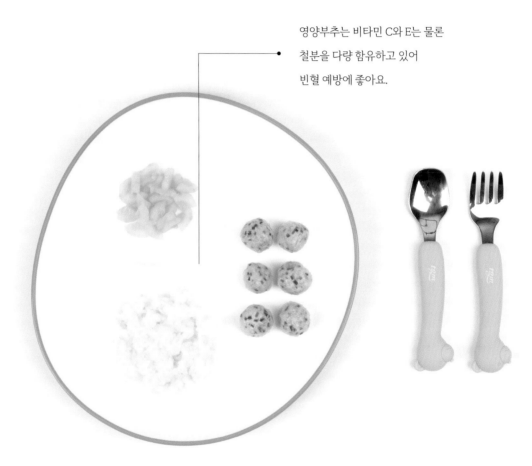

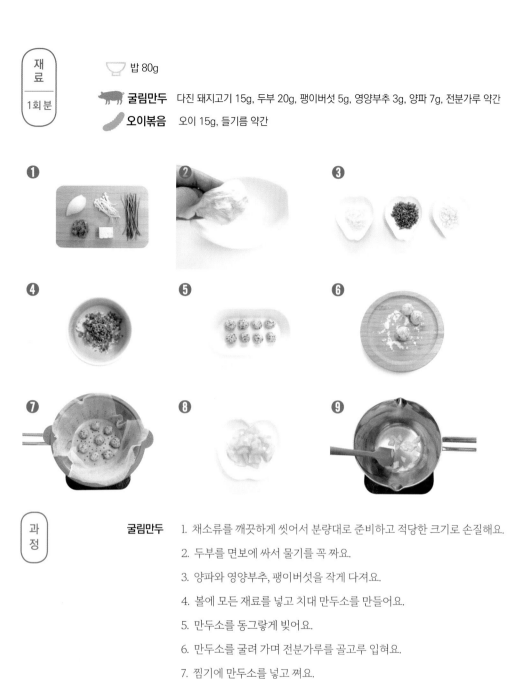

재료		
1회분	🍚	밥 80g
	🐷 **굴림만두**	다진 돼지고기 15g, 두부 20g, 팽이버섯 5g, 영양부추 3g, 양파 7g, 전분가루 약간
	🥒 **오이볶음**	오이 15g, 들기름 약간

과정

굴림만두

1. 채소류를 깨끗하게 씻어서 분량대로 준비하고 적당한 크기로 손질해요.

2. 두부를 면보에 싸서 물기를 꼭 짜요.

3. 양파와 영양부추, 팽이버섯을 작게 다져요.

4. 볼에 모든 재료를 넣고 치대 만두소를 만들어요.

5. 만두소를 동그랗게 빚어요.

6. 만두소를 굴려 가며 전분가루를 골고루 입혀요.

7. 찜기에 만두소를 넣고 쪄요.

오이볶음

8. 오이를 아기가 먹을 크기로 썰어요.

9. 팬에 들기름을 살짝 두르고 오이를 볶아요.

 영양사 맘의 조리팁

만두소는 오래 치댈수록 찰기가 생기고, 전분가루를 묻히면 코팅이 된 것처럼 쉽게 풀어지지 않아요.

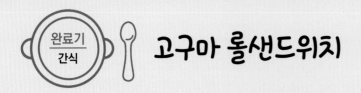

고구마 롤샌드위치

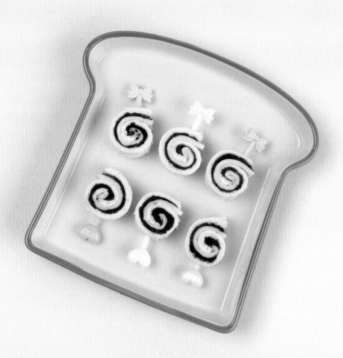

재료
1~2회분

자색 고구마 60g

아기 치즈 1장

식빵 1조각

과정

1. 자색 고구마는 껍질을 벗겨 찜기에 찐 다음 으깨요.

2. 식빵 테두리를 잘라내고 밀대로 얇게 밀어요.

3. 식빵 위에 으깬 고구마를 넓게 올려요.

4. 고구마 위에 아기 치즈를 올리고 돌돌 말아요.

5. 아기가 먹기 좋은 크기로 잘라요.

 영양사 맘의 조리팁

만들고 남은 식빵 자투리는 작게 잘라 바삭한 러스크를 만들거나 곱게 갈아 빵가루로 활용해요.

완료기
간식

밤양갱

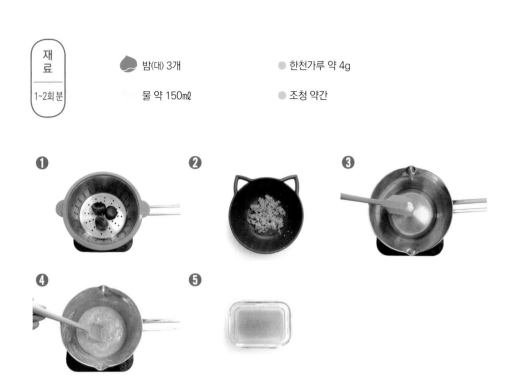

밤(대) 3개

물 약 150㎖

한천가루 약 4g

조청 약간

과정

1. 밤을 찜기에 넣고 쪄요.

2. 작은 숟가락을 이용해 밤의 속을 파낸 뒤 작게 다져요.

3. 냄비에 물과 한천가루를 넣고 섞은 뒤 센 불에서 끓여요.

4. 끓어오르면 불을 줄이고 밤과 조청을 넣고 저어 가며 1분 정도 더 끓여요.

5. 틀에 끓인 밤을 넣고 1시간 이상 굳혀요.

 영양사 맘의 조리팁

조청은 생략해도 좋아요. 밤은 씹는 식감을 위해 으깨지 않고 다져서 사용해요. 으깨면 식감이 좀 더 부드러워져요.
한천가루 양에 따라 양갱의 단단함이 달라지므로 아기의 개월 수에 따라 양을 조절하세요.

스무디 3종

당근 사과스무디 , 케일 망고스무디, 파인애플 비트스두

재료 1회분	당근 사과스무디	케일 망고스무디	파인애플 비트스무디

당근 사과스무디

 당근 15g

 사과 40g

 아기 우유 60g

케일 망고스무디

 케일 2g

 망고 50g

아기 우유 60g

파인애플 비트스무디

파인애플 40g

 비트 15g

무가당 플레인요거트 20g

아기 우유 40g

❶   ❷

 과정

1. 채소와 과일을 깨끗하게 씻어서 준비해요.

2. 믹서기에 갈 수 있는 크기로 적당히 잘라요.

3. 당근과 사과, 아기 우유를 믹서에 넣고 곱게 갈아요.

4. 케일과 망고, 아기 우유를 믹서에 넣고 곱게 갈아요.

5. 파인애플과 비트, 무가당 플레인요거트, 아기 우유를 믹서에 넣고 곱게 갈아요.

 영양사 맘의 조리팁

스무디를 잘 안 먹으려 한다면 아기가 좋아하는 채소나 과일의 양을 늘려 보세요.

완료기
간식

두부볼

두부 50g　　　단호박 10g　　　쌀가루 약간

비트 10g　　　시금치 10g

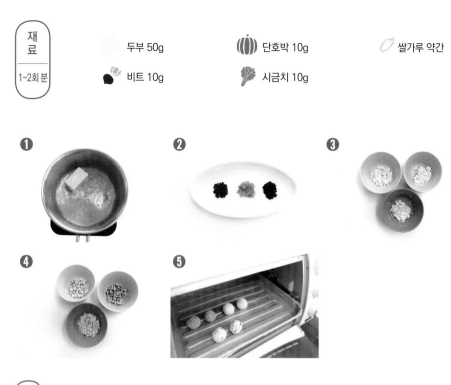

❶　❷　❸

❹　❺

과
정

1. 두부를 뜨거운 물에 살짝 데쳐서 물기를 제거해요.

2. 단호박과 비트, 시금치를 살짝 익혀서 곱게 다져요.

3. 두부를 으깨서 쌀가루와 섞은 뒤 세 개의 볼에 나눠 담아요.

4. 세 개의 볼에 각각 다진 채소를 넣고 고르게 섞어요.

5. 먹기 좋은 크기로 동그랗게 빚어 오븐에서 한번 굽고 뒤집어서 다른 면도 구워요.

영양사 맘의 조리팁

쌀가루로 두부의 물기를 조절해 가며 많이 치대야 동그랗게 빚을 수 있어요.

두부볼을 여유 있게 만들어 소분한 뒤 냉동실에 보관하고 필요할 때 구워도 좋아요.

재료
1~2회분

 옥수수 25g    파프리카 10g   아기 치즈 1/3장

과
정

1. 옥수수를 쪄서 알갱이만 준비해요.

2. 파프리카를 옥수수 크기로 잘라요.

3. 파프리카와 옥수수를 볼에 넣고 고르게 섞어요.

4. 아기 치즈를 작게 잘라서 넣어요.

5. 전자레인지에 살짝 돌려요.

 영양사 맘의 조리팁

파프리카 대신 오이나 당근 등 다른 재료를 넣어도 좋아요.

치즈 대신 약간의 유기농 마요네즈를 사용해도 좋아요.

질환별 이유식 가이드

∶ 식품 알레르기

모유나 분유를 먹다가 한 번도 접하지 못한 음식을 먹게 되면 몸에 이상 반응이 생길 수 있습니다. 처음 먹이는 재료는 최소 3일간 유지해주며 아기의 반응을 살펴야 합니다. 음식을 먹었을 때 피부에 발진이나 두드러기가 생기고 입이나 입술 부위가 부어오르거나 설사나 구토 등의 증상이 나타나면 아기에게 음식이 맞지 않을 가능성이 있습니다. 이 경우 소아청소년과 전문의의 진료가 필요할 수 있어요.

아기가 특정 식재료에 이상 반응을 보였다면 무조건 안 먹이는 것도 답은 아닙니다. 처음 알레르기 반응을 보인 것은 당분간 중지하고 한 두 달이 지난 후 이유식에 소량만 넣어 아기의 반응을 살펴보세요. 별다른 문제가 일어나지 않았다면 다시 조금씩 먹여도 되지만 알레르기 반응이 또 일어난다면 돌까지 중지하는 것이 좋습니다. 특정 채소에 알레르기 반응을 보였다면 다른 채소로 대체할 수 있지만 아기 성장에 필수적인 쌀 혹은 소고기 같은 단백질 식품이라면 소아청소년과 전문의와 반드시 상담해야 합니다.

과거에는 알레르기를 줄이기 위해 이유식을 늦게 시작하라고 했지만 현재는 이유식을 너무 늦게 시작하면 알레르기가 증가할 수 있다는 연구 결과에 따라 특정 식재료 또는 이유식을 너무 늦게 시작하는 것은 권하지 않는 추세입니다. 5~6개월부터는 이유식을 시작하는 것이 좋습니다. 식품의약품안전처에서 한국인에게 알레르기를 유발할 수 있는 식품을 지정해 관리하고 있으니 아기에게 식품을 먹일 때 참고해주세요.

알레르기 유발 식품

메밀	밀	대두	견과류	육류	갑각류	고등어	오징어
복숭아	토마토	난류	우유	조개류	굴	홍합	잣

이유식 시기에 알레르기 반응을 보였다고 평생 그 식품을 못 먹게 되는 건 아닌지 걱정할 수도 있습니다. 식품마다 조금 다를 수 있지만 아이들이 성장하면서 다시 먹게 되는 경우가 많으니 소아청소년과 전문의와 상의하면서 시도해 볼 수 있습니다.

⦂ 빈혈

유아의 빈혈은 대체로 철분이 부족해서 생기는 철 결핍성 빈혈입니다. 아기는 엄마로부터 받은 철분으로 버티다가 6개월 이후에는 음식을 통해 철분을 보충합니다. 이때 고기를 반드시 섭취해야 하는 이유는 철분은 섭취량보다 흡수율이 중요하기 때문입니다. 식품에 들어 있는 철분은 헴철(Heme Iron)과 비헴철(Non-Heme Iron)로 나뉘는데 헴철은 주로 육류, 가금류, 생선류에 들어 있고 흡수율이 약 30% 정도되며 다른 음식과 먹어도 체내 철분 흡수에 큰 영향을 받지 않지만, 비헴철은 대부분의 식품에 들어 있어도 흡수율이 5%에 그쳐 함께 조리한 식품이나 같이 먹는 음식에 따라 흡수율이 달라져요. 6개월부터 아기 성장에 고기가 얼마나 중요한지 알 수 있습니다.

몸속에 철분이 쌓이면 변비가 생기거나 소화 불량이 나타날 수 있으니 권장량에 맞춰 적당히 섭취하는 것도 중요합니다. 철분은 비타민 C와 함께 섭취했을 때 흡수율이 높아지므로 비타민 C가 풍부한 채소나 과일을 함께 섭취하는 게 좋아요. 철분이 부족하면 얼굴이 창백해지고, 활동량이 줄어들고, 밤에 잠을 잘 자지 않고 심하게 보채며, 식욕이 줄어들어 먹는 양이 많이 줄게 돼요. 이럴 때는 전문의에게 상담받고 철분제를 먹여야 할 수도 있어요. 철분제는 식사와 식사 사이에 먹는 것이 좋고 비타민 C가 풍부한 과일이나 주스와 함께 섭취하면 흡수율이 높아집니다. 주스는 직접 갈아서 주는 것이 가장 좋고, 시판 제품 중에는 최대한 당 함량이 적은 것을 고르세요.

자연식품 속 철분 함유량(가식부 100g당)

식품명	백미	표고버섯	시금치	당근	브로콜리	바나나	잣
철분(mg)	0.24	0.51	2.49	0.28	0.8	0.25	6.07
식품명	달걀노른자	닭고기	소고기(안심)	새우	대구	멸치	미역
철분(mg)	5.92	1.1	2.63	2.6	0.4	3.6	0.46

(출처: 농촌진흥청 국립농업과학원)

⁞ 감기

엄마에게 받은 면역력이 6개월부터 떨어지면서 가장 흔하게 나타나는 질병이 감기입니다. 아기가 감기에 걸리면 소화 기능이 많이 떨어질 수 있으므로 이유식은 소화가 잘되는 재료로 만들어 주세요. 여러 가지 재료를 넣으려 하기보다 아이가 먹기 편한 농도에 집중해 주세요. 감기에 걸리면 목이 많이 부을 때도 있습니다. 후기 이유식 중에 감기에 걸려 목이 부었다면 후기 이유식 농도보다 약간 묽게 만들어 주는 것도 좋습니다. 감기에 걸렸을 때 억지로 먹이는 것은 좋지 않아요. 건강이 걱정돼서 억지로 먹이면 감기에 다 나았을 때 오히려 이유식을 거부하는 상황이 생길 수 있어요. 충분한 수분 보충과 휴식을 취하면서 먹을 수 있는 만큼만 먹도록 도와주세요.

⁞ 설사

설사를 하면 흰죽만 먹여야 한다는 의견도 있지만 계속 흰죽만 먹일 경우 영양부족을 초래할 수 있어요. 장에 자극이 되는 찬 음식, 너무 기름지거나 단 음식, 그리고 당도가 높은 과일을 제외하고 가급적 골고루 섭취하는 게 중요해요. 과일은 익혀서 주는 것이 좋아요. 이유식은 소화가 잘될 수 있도록 원래 먹던 이유식보다 부드럽고 조금 더 작은 입자로 만들어 주세요. 완두콩, 감, 익힌 사과, 덜 익은 바나나, 찹쌀 등이 설사할 때 도움이 되는 식품이에요.

⁞ 변비

모유나 분유를 먹다가 이유식을 시작하게 되면 없던 변비도 생기곤 해요. 초기보다 중기로 넘어가면서 변비가 생기는 경우도 많습니다. 새로운 음식을 받아들이는 데 시간이 필요해 장이 변을 내보내지 못하는 경우가 있어요. 익지 않은 바나나, 익힌 사과, 익힌 당근, 유제품 등은 오히려 변비를 유발할 수 있어요. 이때는 섬유질이 많은 채소와 과일이 도움이 되는데 과일은 즙보다 강판에 갈거나 작게 잘라 주는 것이 효과적이에요. 충분한 수분 섭취도 중요합니다. 변비가 너무 오래가거나 심할 경우 전문의와 상의해야 해요. 잘 익은 바나나, 고구마, 당근, 브로콜리, 양배추, 사과, 미역 등이 변비에 도움이 돼요.

이유식 Q&A

Q1) 점심과 저녁에는 이유식을 잘 먹던 아기가 유독 아침에는 안 먹으려고 해요

아침에 잘 먹지 않는다면 밤중 수유를 지속하고 있는 건 아닌지 점검해 보세요. 6개월 이후로는 충분히 먹고 잠이 들었다면 약 9~10시간 동안 내리 잘 수 있는데, 아기가 잠을 자지 않아 밤중에 수시로 수유했다면 밤에 배불리 먹었으니 아침에 안 먹으려고 할 수 있어요. 밤중 수유를 끊으면 해결되기도 합니다. 아침을 정해진 시간에 꼭 먹이려고 하기보다 아기의 컨디션이 좋을 때 주는 것도 방법입니다.

Q2) 이유식을 잘 안 먹는 아기, 이유식에 간을 조금 해도 될까요?

아기에게 필요한 나트륨은 매우 적습니다. 모유, 분유, 이유식만으로도 나트륨 섭취가 충분해 따로 추가하는 것은 권장하지 않습니다. 체내에서 사용이 되고 남은 나트륨은 신장을 통해 배출되는데 아기는 신장 기능이 완성되지 않아 나트륨 배출이 어려운데다 필요 이상의 나트륨 섭취는 신장에 부담을 주게 됩니다. 게다가 잘 먹지 않는 아기에게 잘 먹게 하기 위한 목적으로 계속 간을 하다 보면 짠맛의 역치가 높아져 더 짠맛을 원하게 됩니다. 간을 하기보다 육수를 활용해 감칠맛을 내거나 참기름이나 들기름을 활용해 고소한 맛을 느끼게 해 주세요.

Q3) 간식을 꼭 챙겨 줘야 할까요?

모든 아기에게 간식이 필요한 것은 아닙니다. 아기는 소화 능력이 완성되지 않은 상태로 한꺼번에 많은 양을 소화하기 어렵기 때문에 이유식을 적당히 나눠서 주다 보니 중간에 간식을 주게 되는데요. 한 번에 먹는 양이 아기가 먹어야 하는 양보다 적다면 간식으로 영양을 보충해 주는 것도 필요합니다. 하지만 세 끼 식사로 충분한 영양을 섭취하고 있다면 간식은 한 번으로 충분합니다. 간식은 아기의 열량을 보충해 줄 수 있는 정도로 삶은 감자나 고구마, 자극적이지 않은 과일, 스틱 채소, 약간의 치즈면 무난합니다. 이유식을 잘 먹지 않는 아기에게 간식을 주면 오히려 먹어야 할 이유식 양이 줄어들 수 있습니다. 간식을 준 후 먹는 이유식 양이 줄지는 않는지 점검이 필요합니다.

Q4) 시판 이유식을 사 먹여도 될까요?

이유식은 직접 만들어 먹이는 것이 가장 좋지만 만들어줄 상황이 안 되면서도 무조건 만들어 먹여야 한다는 강박에 사로잡혀 있으면 이유식 시기가 더 힘들게 느껴집니다. 시판 이유식이더라도 조리 환경이

위생적이고 좋은 재료를 사용하며 아기 발달 상태에 맞는 농도와 입자감이 제대로 돼 있다면 괜찮습니다.

시판 이유식을 선택할 때는 몇 가지 주의 사항이 있습니다.

하나, 직접 만들 때는 이유식 메뉴만 봐도 어떤 재료가 들어가는지 알 수 있지만 시판 이유식은 그렇지 않으니 메뉴만 보고 판단하지 않도록 주의하세요. 예를 들어 시판 이유식의 메뉴 명이 소고기 당근 양파 무른밥일 경우 제품 뒷면 원재료란에 제품명에 없는 다른 식품이 들어간 경우를 볼 수 있습니다. 메뉴 명만 보고 쌀, 소고기, 당근, 양파만 들어갔을 거라고 생각해 아기가 다 먹어본 식품이니 안심하고 먹였다가는 알레르기 반응이 나타날 수 있습니다. 시판 이유식을 살 때는 반드시 제품 뒷면의 원재료명을 확인해 주세요.

둘, 시판 이유식의 특정 브랜드를 선택했다면 같은 브랜드로 계속 먹이는 것이 좋아요. 브랜드마다 단계별 이유식 농도나 입자감의 기준이 조금씩 다릅니다. A 브랜드로 중기까지 먹이다가 후기부터 B 브랜드로 바꾸면 아기가 지금까지 먹던 이유식과 달라 적응하기 어려울 수 있어요. 아기가 A 브랜드를 잘 안 먹을 경우 다른 브랜드로 한 번쯤 바꿔 볼 수는 있지만 자주 바꾸는 것은 바람직하지 않습니다.

셋, 시판 이유식의 특정 브랜드를 선택했더라도 아기에게 맞게 이유식에 변화를 줄 수 있어요. A 브랜드를 잘 먹다가 다음 단계로 넘어가려 하는데 아기에게 농도가 맞지 않는다면 아기에게 맞춰 농도에 변화를 주어도 좋습니다. 브랜드의 기준에 아기를 맞추기보다 아기에게 맞춰 주세요.

몇 가지 주의 사항만 지키면 시판 이유식도 장점이 있습니다. 아기에게 다양한 식재료를 활용해 이유식을 만들어 주고 싶어도 직접 만들다 보면 재료에 한계가 올 수 있어요. 반면 시판 이유식의 재료는 다양해서 아기가 식재료 경험을 많이 쌓을 수 있어요. 저 역시 소량으로 구입하기 어렵거나 자주 활용하기 어려운 식재료가 있는 경우 시판 이유식을 사서 아기에게 다양한 먹거리를 경험하게 했습니다.

Q5) 돌 전에 우유를 먹여도 될까요?

생우유는 소화가 어렵고 단백질에 의한 장 출혈을 일으킬 수 있어 12개월 이후에 섭취할 것을 권장합니다. 우유는 1L당 0.5mg의 철분이 들어 있는데 흡수율이 10%에 불과한데다 우유에 풍부한 칼슘이 비헴철의 흡수를 방해해요. 돌 이후에는 하루 400~500㎖ 정도가 적당해요.

Q6) 아기가 이유식을 안 먹는 시기가 따로 있나요?

이유식을 시작한 후 아기가 처음부터 끝까지 잘 먹으면 좋지만 한 번쯤 이유식을 거부하는 시기가 올 수 있어요. 성장하는 과정에서 식욕이 줄어드는 것 또한 자연스러운 발달 현상입니다.

첫 번째로 정신적인 급성장기인 원더윅스(wonder weeks) 시기가 원인일 수 있어요. 아기가 정신·신체적으로 급성장하는 시기로 주 양육자와 아기의 애착이 형성되는 시기입니다. 이 시기에는 아기가 평소보다 자주 울고, 더 보채며, 잠을 자다가 자주 깨기도 하면서 잘 먹던 이유식도 안 먹는 등의 모습을 보일 수 있습니다. 아기가 두려움과 불안감을 느끼는 시기인 만큼 부모의 관심과 사랑이 더욱 중요합니다. 이유식을 안 먹는다고 억지로 먹이기보다 조금 기다리면서 지켜봐 주세요.

두 번째로 육체적인 성장보다 발달에 더 비중을 두기 때문에 생기는 캐치-다운 그로스(catch-down growth) 현상이 원인일 수 있어요. 발달이 급격히 진행되면 아기가 힘들 수 있어 발달이 충분히 될 때까지 일단 성장이 둔화하는 현상을 말해요. 대게 돌 전후에 생기는데, 발달에 집중하면서 성장을 멈추고 잘 먹던 아기도 먹는 양이 줄어들 수 있어요. 이럴 때는 우선 아기가 먹고 싶은 만큼 먹을 수 있게 도와주고 이 시기가 너무 길어질 경우 전문의와 상담해 볼 것을 권합니다.

세 번째는 치아가 나기 시작하는 시기가 원인일 수 있어요. 이앓이라는 표현도 있듯 아기가 표현만 못 할 뿐 많이 아프고 예민해질 수 있어요. 편하게 먹을 수 있게 이유식을 조금 묽게 만들어 주는 것도 방법입니다.

이유식을 안 먹는 이유는 다양하지만 성장 과정에서 갑자기 안 먹는 상황이 올 수 있어요. 준비한 양을 억지로 먹이기보다 편안한 마음으로 아기가 그 과정에 잘 적응할 수 있도록 세심한 관찰이 필요합니다.

Q7) 백미 대신 현미를 사용해도 괜찮을까요?

이유식의 주재료는 백미이지만 입자감에 적응이 잘 되었다면 현미를 사용해도 괜찮아요. 현미는 백미보다 식이섬유가 풍부해 저작 훈련이 가능하므로 적어도 중기 적응기부터 사용하세요. 소화가 잘되는 발아 현미를 권해요.

Q8) 물은 언제부터 줘도 될까요?

수유하는 기간에는 수유 자체가 수분이므로 따로 물을 먹여야 할 필요가 없어요. 초기 단계는 이유식 자체에도 물이 충분히 들어 있기 때문에 물을 따로 먹일 필요가 없지만 구강 청소를 목적으로 먹일 수 있고 중기부터는 물로 부족한 수분을 보충할 수 있어요. 다만 이유식 전에 물을 먹이면 아기가 포만감을 느껴 이유식을 잘 먹지 않을 수 있으니 이유식을 다 먹은 후에 스푼으로 조금 떠먹여 주는 것이 좋아요. 너무 찬 물은 장에 자극이 될 수 있으니 끓인 물을 적당히 식혀서 줄 것을 권장해요.

Q9) 이유식의 양은 같은데 우리 아기만 잘 안 크는 것 같아요

아기가 이유식을 안 먹는 것도 걱정이지만 너무 많이 먹어도 걱정입니다. 하지만 이유식은 양이 아닌 질이 중요해요. 여기서 말하는 질이란 열량 밀도가 좋은 것을 말해요. 열량 밀도란 이유식 1g이 갖고 있는 열량을 말해요. WHO는 열량 밀도가 0.8kcal/g 이상인 이유식을 먹이라고 권장합니다. 이유식 100g당 80kcal의 열량을 함유한 이유식을 먹여야 한다는 말입니다. 이유기의 아기는 위 용적이 작아 열량 밀도가 낮은 이유식을 먹으면 포만감은 느낄 수 있어도 열량 섭취는 부족하게 되어 성장에 지장을 줄 수 있어요. 또 포만감이 오래 가지 않아 종일 먹으려고만 하는 아기도 있어요. 때문에 열량 밀도가 높은 이유식을 만들어 먹이는 것이 중요합니다. 같은 200g의 이유식을 먹더라도 재료가 충분히 들어간 이유식을 먹는 아기와 재료보다 물이나 쌀만 많이 들어간 이유식을 먹는 아기는 분명히 성장의 차이가 있을 수 있어요. "우리 아기가 이유식을 200g 정도 먹는데요. 잘 먹고 있는 걸까요?"라는 질문에 제가 답을 하기 어려운 이유입니다. 이유식은 양보다 질이 중요하다는 것을 다시 한번 기억하고 영양사 맘이 알려주는 이유식 중량 공식에 맞춘다면 열량 밀도가 좋은 이유식을 만들 수 있습니다.

Q10) 이유식과 수유는 이어서 먹이는 것이 맞나요?

이유식 초기와 중기까지는 수유와 이유식을 이어서 먹여야 해요. 이유식을 먹고 바로 수유를 하면서 아기가 한 번에 먹는 양을 맞춰야 합니다. 이유식을 먹은 뒤 시간이 지나 수유를 하면 아이가 자기만의 한 끼 양을 찾지 못하고 온종일 먹으려 할 수 있어요. 분리 수유 시기의 기준은 없지만 아기가 이유식으로 충분히 한 끼 양을 먹을 때 분리 수유가 가능합니다. 후기에도 아기가 먹는 이유식 양이 적다면 이어서 수유하되, 한 번에 먹는 이유식 양을 점차 늘려 주세요. 수유는 간식 개념으로 영양을 보충하는 정도로 진행돼야 합니다. 또한 이유식을 잘 먹더라도 수유를 꼭 같이해 수유를 통한 지방 섭취가 반드시 이루어지도록 해야 합니다.